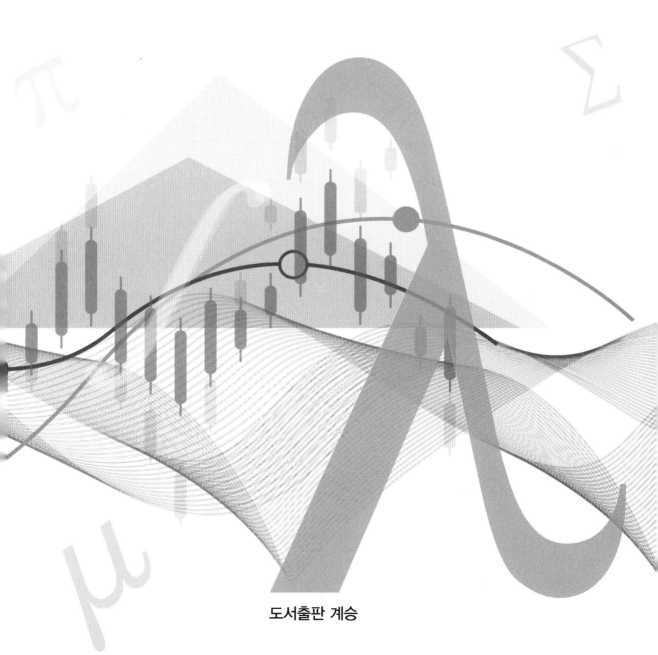

8 일 만 에 끝 내 는
{경 제 수 학}

김경률 지음

도서출판 계승

머리말

경제학을 공부한다면 피할 수 없는 과목이 경제수학이다. 그런데 수학에 대한 두려움으로 지레 겁을 먹고 경제수학을 어렵게 느끼는 이들이 많다. 그러나 경제수학은 생각하는 것처럼 그렇게 엄청나게 어려운 과목이 아니다. 경제수학은 경제학에 필요한 기본적인 수학적 기법을 익히는 과목이고, 번뜩이는 발상이나 복잡한 기교는 필요하지 않다. 그저 반복적인 연습이 필요할 뿐이다. 이 책은 경제수학을 공부하려는 사람이라면 누구나 이 말에 동감할 수 있도록 만들어졌다.

경제수학을 어려워하는 이유 가운데 하나는 수학의 기초가 튼튼하지 않은 상태에서 경제학적인 부분에 매몰되어 공부하기 때문이다. 그래서 이 책은 무엇보다도 수학의 기초를 튼튼히 다지는 데 주안점을 두었다. 기본에 충실하면 응용은 저절로 따라오기 때문이다. 중학교에서 속도 문제든, 소금물 문제든 본질은 방정식일 뿐이며, 문제 해결은 결국 방정식을 풀 수 있는가에 달려 있음을 이미 알고 있을 것이다. 튼튼한 기초가 있으면 속도니, 소금물이니 하는 것은 그저 눈을 현혹하는 껍데기에 지나지 않는다. 경제학 문제에 수학을 응용하는 것도 마찬가지이다.

기초를 다지는 정도(正道)는 물론 반복적인 연습이다. 중ㆍ고등학교에서의 경험으로 이미 잘 알고 있겠지만, 수학은 읽어서 공부하는 과목이 아니다. 수학 공부는 연필로 하는 것이다. 경제수학이라고 무슨 예외는 아니다. 그래서 이 책은 무엇보다도 설명이 바로 문제에 적용할 수 있는 것이 되도록 하였다. 그리고 예제에 딸린 확인 문제와 각 절의 마지막 부분에 딸린 연습문제로 충분한 연습이 되게 하였다. 모든 문제에는 정답을 달아 잘 풀었는지 확인해 볼 수 있게 하였다. 특히, 방정식이 여러 개일 때 음함수 정리로 (편)도함수를 구하는 문제는 많은 연습을 통하여 숙달할 필요가 있다. 이 문제들은 별도로 풀이를 실은 부록을 달아 참고할 수 있게 하였다.

이와 동시에 혼자서도 이 책으로 공부하는 데 어려움이 없도록 많은 신경을 썼다. 몇백 쪽이나 되는 두꺼운 교재만큼 공부하려는 의지를 꺾는 것은 없다. 이 책은 경제학 문제에 수학을 응용하는 데 꼭 필요한 내용만을 간추렸다. 특히, 실제 문제를 푸는 데 별도움도 되지 않으면서 읽는 것만으로도 마치 이해했다는 착각을 불러일으키는 '현혹적인' 설명을 철저히 배격하였다. 그러면서도 고등학교에서 공부한 내용까지 포함하여 이 책만으로도 부족한 부분의 복습이 가능하게 하였다.

경제수학 교재가 많다는 것을 모르지 않는다. 지구상에서 가장 쉽고, 가장 빠르게 경제수학을 공부할 수 있는 책을 내놓아야겠다는 생각이 아니었다면 붓을 들지도 않았을 것이다. 그만큼 이 책을 쓰면서 경제수학을 가능한 한 쉽고 빠르게 공부할 수 있도록 할 수 있는 모든 노력을 기울였다. 이 책으로 공부하는 모든 이들이 경제수학의 달인이 되기를 바라 마지않는다.

2021년 8월

김경률

차 례

CHAPTER 1

일변수함수의 미분법

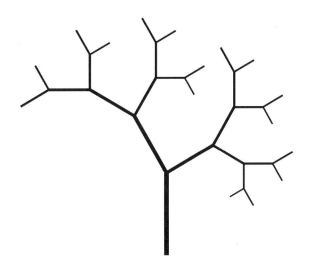

1.1.   다항함수의 미분법

함수 가운데 가장 기본적인 것은 다항함수이다. 다항함수의 미분법은 다음과 같다.

다항함수의 미분법

x^n과 상수함수의 미분법

$$\begin{aligned} (x^n)' &= nx^{n-1} \\ (c)' &= 0 \ (단,\ c는\ 상수) \end{aligned}$$

합, 차와 실수배의 미분법

$$\begin{aligned} (f(x) \pm g(x))' &= f'(x) \pm g'(x) \\ (cf(x))' &= cf'(x) \ (단,\ c는\ 상수) \end{aligned}$$

예제 1. 함수 $y = x^3 - 4x^2 + 3x + 5$를 미분하라.

예 풀이

$$y' = (x^3)' - 4(x^2)' + 3(x)' + (5)' = 3x^2 - 4 \cdot 2x + 3 \cdot 1 + 0 = 3x^2 - 8x + 3$$

♣ 확인 문제

다음 함수를 미분하라.

1. $y = -2x + 11$

2. $y = x^2 - 3x + 4$

3. $y = x^{12} - 3x^5 + 1$

4. $y = -\dfrac{1}{5}x^{10} + \dfrac{1}{2}x^3 - 7$

여러 함수의 곱으로 된 함수를 미분할 때에는 **곱의 미분법**을 쓴다. 한편, 함수 $f(x)^n$ 을 곱의 미분법으로 미분하기는 번거로우므로 공식을 쓴다.

곱의 미분법

곱의 미분법

$$(f(x)g(x))' = f'(x)g(x) + f(x)g'(x)$$
$$(f(x)g(x)h(x))' = f'(x)g(x)h(x) + f(x)g'(x)h(x) + f(x)g(x)h'(x)$$

$f(x)^n$ 의 미분법

$$(f(x)^n)' = nf(x)^{n-1}f'(x)$$

조언 1   넷 이상의 다항함수의 곱으로 된 다항함수도 앞의 함수부터 하나씩 미분하여 더하면 된다.

조언 2 $f(x)^n$ 의 미분법은 $f(x)$ 를 한 문자로 보고 $f(x)^n$ 을 미분한 다음, 여기에 한 문자로 본 $f(x)$ 를 미분한 함수 $f'(x)$ 를 곱한다고 기억하면 된다.

예제 2. 함수 $y = (2x+1)^3(x^2+x-1)^5$ 을 미분하라.

풀이

$$\begin{aligned}
y' &= ((2x+1)^3)'(x^2+x-1)^5 + (2x+1)^3((x^2+x-1)^5)' \\
&= 3(2x+1)^2(2x+1)' \cdot (x^2+x-1)^5 + (2x+1)^3 \cdot 5(x^2+x-1)^4(x^2+x-1)' \\
&= 3(2x+1)^2 \cdot 2 \cdot (x^2+x+1)^5 + (2x+1)^3 \cdot 5(x^2+x-1)^4(2x+1) \\
&= 6(2x+1)^2(x^2+x-1)^5 + 5(2x+1)^4(x^2+x-1)^4
\end{aligned}$$

♣ 확인 문제

다음 함수를 미분하라.

1. $y = (3x+1)(2x-3)$ 3. $y = (x+2)^2(3x-4)$

2. $y = (x^2+1)(2x+1)(x-1)$ 4. $y = (-2x^2+3x-1)^6$

예제 3. 어떤 제품을 q개 생산하는 데 드는 비용이 $C(q) = q^3 - 3q^2 + 30q + 3$ 일 때, 평균비용함수 $\dfrac{C(q)}{q}$ 와 한계비용함수 $C'(q)$ 를 구하라.

$\boxed{\text{풀이}}$ 평균비용함수는

$$\frac{C(q)}{q} = \frac{q^3 - 3q^2 + 30q + 3}{q} = q^2 - 3q + 30 + \frac{3}{q}$$

한계비용함수는

$$C'(q) = (q^3 - 3q^2 + 30q + 3)' = 3q^2 - 6q + 30$$

♣ 확인 문제

1. 어떤 제품을 q개 판매하여 얻는 수익이 $R(q) = 10q - q^2$ 일 때, 평균수입함수 $\dfrac{R(q)}{q}$ 와 한계수입함수 $R'(q)$ 를 구하라.

1.1 연습문제

다음 함수를 미분하라.

1. $y = 2x^2 - 3x - 2$

2. $y = x^3 - x^2 + 1$

3. $y = -4x^3 - 3x^2 + 6x - 1$

4. $y = 5x^4 - x^2 + 2$

5. $y = 3x^4 - 5x^3 + 2x^2 - 7$

6. $y = 7x^5 - 8x^2 + 5x$

7. $y = (x + 1)(x^2 - 2x - 3)$

8. $y = (2x - 4)(3x^2 + 4x - 1)$

9. $y = (2x - 3)(x^3 - x^2 + 4x + 3)$

10. $y = (x^2 - x - 1)(x^3 - x^2 + 1)$

11. $y = x(x + 1)(x + 2)$

12. $y = (-x + 1)(3x + 2)(-4x^2 + 1)$

13. $y = (2x + 1)^{10}$

14. $y = (x^2 - x + 3)^5$

15. $y = (x - 1)^2(4x - 6)$

다음에 답하라.

16. 어떤 제품을 q개 생산하는 데 드는 비용이 $C(q) = 3q^2 + 7q + 12$일 때, 평균비용함수 $\dfrac{C(q)}{q}$와 한계비용함수 $C'(q)$를 구하라.

17. 어떤 제품을 q개 판매하여 얻는 수익이 $R(q) = 10000 + 500q - 10q^2$일 때, 평균수입함수 $\dfrac{R(q)}{q}$와 한계수입함수 $R'(q)$를 구하라.

1.2.   유·무리함수의 미분법

유리함수는 다항함수의 몫으로 된 함수이다. 두 함수의 몫으로 된 함수를 미분할 때에는 **몫**의 미분법을 쓴다.

몫의 미분법

$$\left(\frac{f(x)}{g(x)}\right)' = \frac{f'(x)g(x) - f(x)g'(x)}{g(x)^2}$$

조언   몫의 미분법의 분자는 곱의 미분법과 비슷하지만 가운데 부호가 $+$ 가 아니라 $-$ 임에 주의하여야 한다.

예제 1. 함수 $y = \dfrac{x^3}{(x+1)^2}$ 을 미분하라.

풀이

$$y' = \frac{(x^3)'(x+1)^2 - x^3((x+1)^2)'}{((x+1)^2)^2} = \frac{3x^2(x+1)^2 - x^3 \cdot 2(x+1)}{(x+1)^4} = \frac{x^2(x+3)}{(x+1)^3}$$

♣ 확인 문제

다음 함수를 미분하라.

1. $y = \dfrac{4x^3 + x - 1}{x^2}$

2. $y = \dfrac{1 - x}{x^2 + 2}$

3. $y = \dfrac{1}{(x^2 - 3x)^5}$

4. $y = \dfrac{(x+1)^2}{(2x+1)^3}$

다항함수의 미분에 핵심적인 공식 $(x^n)' = nx^{n-1}$은 n이 임의의 실수일 때에도 성립한다. 따라서 이를 써서 무리함수를 미분할 수 있다.

무리함수의 미분법

$$(x^c)' = cx^{c-1} \text{ (단, } c\text{는 실수)}$$
$$(f(x)^c)' = cf(x)^{c-1}f'(x)$$

보기 조언 1 $\sqrt[3]{x}$, $\sqrt[3]{f(x)}$는 $x^{1/3}$, $f(x)^{1/3}$으로 바꾸어 위 미분법을 적용하면 된다. 다만, $\sqrt{x}$, $\sqrt{f(x)}$는 빈번하게 등장하므로 매번 $x^{1/2}$, $f(x)^{1/2}$으로 바꾸기보다

$$(\sqrt{x})' = \frac{1}{2\sqrt{x}}, \qquad \left(\sqrt{f(x)}\right)' = \frac{1}{2\sqrt{f(x)}} \cdot f'(x)$$

로 기억하는 것이 좋다.

보기 조언 2 $f(x)^c$의 미분법도 $f(x)$를 한 문자로 보고 $f(x)^c$을 미분한 다음, 여기에 한 문자로 본 $f(x)$를 미분한 함수 $f'(x)$를 곱한다고 기억하면 된다.

예제 2. 함수 $y = \dfrac{3-2x}{\sqrt{x^2+1}}$ 를 미분하라.

풀이
$$
\begin{aligned}
y' &= \frac{(3-2x)'\sqrt{x^2+1} - (3-2x)\left(\sqrt{x^2+1}\right)'}{\left(\sqrt{x^2+1}\right)^2} \\[2mm]
&= \frac{(-2)\sqrt{x^2+1} - (3-2x)\cdot\frac{1}{2\sqrt{x^2+1}}\cdot(x^2+1)'}{x^2+1} \\[2mm]
&= \frac{-2\sqrt{x^2+1} - \frac{x(3-2x)}{\sqrt{x^2+1}}}{x^2+1} = -\frac{3x+2}{(x^2+1)\sqrt{x^2+1}}
\end{aligned}
$$

♣ 확인 문제

다음 함수를 미분하라.

1. $y = (x+2)\sqrt{x-2}$ 3. $y = (x^2+1)\sqrt{1-x}$

2. $y = \dfrac{2x+1}{\sqrt{4x-3}}$ 4. $y = \dfrac{x\sqrt{2x-1}}{(x+1)^2}$

예제 3. 어떤 제품의 가격이 p일 때, 수요량이

$$q(p) = \sqrt{100 - p^2}$$

이라고 한다. 수요의 가격탄력성 $-\dfrac{pq'(p)}{q(p)}$ 를 구하라.

풀이

$$q'(p) = \frac{1}{2\sqrt{100 - p^2}} \cdot (100 - p^2)' = -\frac{p}{\sqrt{100 - p^2}}$$

이므로 수요의 가격탄력성은

$$-\frac{pq'(p)}{q(p)} = -\frac{p\left(-\frac{p}{\sqrt{100-p^2}}\right)}{\sqrt{100 - p^2}} = \frac{p^2}{100 - p^2}$$

♣ 확인 문제

1. 어떤 제품의 가격이 p일 때, 수요량이 $q(p) = \dfrac{10}{p^4}$ 이라고 한다. 수요의 가격탄력성 $-\dfrac{pq'(p)}{q(p)}$ 를 구하라.

1.2 연습문제

다음 함수를 미분하라.

1. $y = \dfrac{x^2}{x+1}$

2. $y = \dfrac{1}{x^2 - x + 1}$

3. $y = \dfrac{1}{(x^2+1)^3}$

4. $y = \sqrt{2}x + \sqrt{3x}$

5. $y = x^{5/3} - x^{2/3}$

6. $y = \sqrt{3x^2+1}$

7. $y = x + \sqrt{4-x^2}$

8. $y = \sqrt[3]{(x^2+2)^2}$

9. $y = (x-1)\sqrt{x}$

10. $y = x\sqrt{x+1} + \sqrt{x-1}$

11. $y = \dfrac{2x}{2+\sqrt{x}}$

12. $y = \dfrac{x+1}{\sqrt{x^2+1}}$

다음에 답하라.

13. 어떤 제품의 가격이 p 일 때, 수요량이 $q(p) = \dfrac{10}{p}$ 이라고 한다. 수요의 가격탄력성 $-\dfrac{pq'(p)}{q(p)}$ 를 구하라.

14. 어떤 제품을 q 개 생산하는 데 드는 비용이 $C(q) = q^3 - 12q^2 + 60$ 일 때, 평균비용함수의 도함수 $\left(\dfrac{C(q)}{q}\right)'$ 를 구하라.

1.3.   지수 · 로그함수의 미분법

지수함수와 로그함수의 미분법을 위하여 새로운 실수를 하나 소개하는 것이 불가피하다. 실수

$$2.718281828\cdots$$

을 e 로 나타낸다. 밑이 e 인 로그 $\log_e$ 는 $\ln$ 으로 나타낸다.

지수 · 로그함수의 미분법

지수 · 로그함수의 미분법

$$\begin{aligned}
(e^x)' &= e^x & (\ln x)' &= \frac{1}{x} \\
(a^x)' &= a^x \ln a & (\log_a x)' &= \frac{1}{x \ln a}
\end{aligned}$$

복잡한 지수 · 로그함수의 미분법

$$\begin{aligned}
(e^{f(x)})' &= e^{f(x)} \cdot f'(x) & (\ln f(x))' &= \frac{1}{f(x)} \cdot f'(x) \\
(a^{f(x)})' &= a^{f(x)} \ln a \cdot f'(x) & (\log_a f(x))' &= \frac{1}{f(x) \ln a} \cdot f'(x)
\end{aligned}$$

조언 1   실제 문제에서 밑이 e 가 아닌 지수함수나 로그함수를 미분할 일은 거의 없을 것이다. 따라서 밑이 e 인 경우의 미분법에 익숙해지는 것을 목표로 하면 충분하다.

조언 2 $e^{f(x)}$, $\ln f(x)$ 의 미분법도 $f(x)$ 를 한 문자로 보고 $e^{f(x)}$, $\ln f(x)$ 를 미분한 다음, 여기에 한 문자로 본 $f(x)$ 를 미분한 함수 $f'(x)$ 를 곱한다고 기억하면 된다.

예제 1. 다음 함수를 미분하라.

(1) $y = 3^{-6x-1}$ (2) $y = \log_2(3x+1)^5$

풀이   (1) $y' = 3^{-6x-1} \ln 3 \cdot (-6x-1)' = -6 \ln 3 \cdot 3^{-6x-1}$

(2) $y' = \dfrac{1}{(3x+1)^5 \ln 2} \cdot ((3x+1)^5)' = \dfrac{15(3x+1)^4}{(3x+1)^5 \ln 2} = \dfrac{15}{(3x+1) \ln 2}$

두 함수의 곱, 몫으로 된 함수를 미분할 때에는 마찬가지로 각각 곱의 미분법, 몫의 미분법이 쓰인다.

예제 2. 다음 함수를 미분하라.

(1) $y = x^2 \ln(2x+1)$ 　　　　　　(2) $y = \dfrac{1 - xe^x}{x + e^x}$

풀이 　(1)

$$
\begin{aligned}
y' &= (x^2)' \ln(2x+1) + x^2 (\ln(2x+1))' \\
&= 2x \ln(2x+1) + x^2 \cdot \frac{2}{2x+1} \\
&= 2x \ln(2x+1) + \frac{2x^2}{2x+1}
\end{aligned}
$$

(2)

$$
\begin{aligned}
y' &= \frac{(1-xe^x)'(x+e^x) - (1-xe^x)(x+e^x)'}{(x+e^x)^2} \\
&= \frac{(-e^x - xe^x)(x+e^x) - (1-xe^x)(1+e^x)}{(x+e^x)^2} \\
&= -\frac{(x^2+1)e^x + e^{2x} + 1}{(x+e^x)^2}
\end{aligned}
$$

♣ 확인 문제

다음 함수를 미분하라.

1. $y = e^{-2x+5}$

2. $y = x^2 e^x$

3. $y = \ln 4x$

4. $y = \log_2(x^2+1)$

5. $y = x \log_3 x$

6. $y = x \ln(x^2+1)$

7. $y = \dfrac{x^2}{e^x}$

8. $y = \dfrac{x}{\ln x}$

예제 3. 어떤 경제의 시점 t의 국내총생산과 인구가 각각

$$Y_0 t, \qquad N_0 e^t$$

이라고 한다. 시점 t의 1인당 국민소득을 $y(t)$라 할 때, 1인당 국민소득의 증가율 $\dfrac{y'(t)}{y(t)}$를 구하라.

$\boxed{\text{풀이}}$ $y(t) = \dfrac{Y_0 t}{N_0 e^t} = \dfrac{Y_0}{N_0} \cdot \dfrac{t}{e^t}$ 이므로

$$y'(t) = \frac{Y_0}{N_0} \cdot \frac{(t)' e^t - t(e^t)'}{(e^t)^2} = \frac{Y_0}{N_0} \cdot \frac{(1-t)e^t}{e^{2t}} = \frac{Y_0}{N_0} \cdot \frac{1-t}{e^t}$$

1인당 국민소득의 증가율은

$$\frac{y'(t)}{y(t)} = \frac{\frac{Y_0}{N_0} \cdot \frac{1-t}{e^t}}{\frac{Y_0}{N_0} \cdot \frac{t}{e^t}} = \frac{1-t}{t}$$

♣ 확인 문제

1. 어떤 경제의 시점 t의 실질국내총생산과 물가가 각각 $y(t)$, $P(t)$일 때, 명목국내 총생산은 $Y(t) = y(t)P(t)$이다.

$$y(t) = y_0 t, \qquad P(t) = P_0 e^t$$

일 때, 명목국내총생산의 증가율 $\dfrac{Y'(t)}{Y(t)}$를 구하라.

1.3 연습문제

다음 함수를 미분하라.

1. $y = (x^3 + 2x)e^x$

2. $y = (1 - e^x)(x + e^x)$

3. $y = (x + x\sqrt{x})e^x$

4. $y = \dfrac{e^x}{2x^2 + x + 1}$

5. $y = \log_{10}(x^3 + 1)$

6. $y = \sqrt{2 + \ln x}$

7. $y = \ln(x^2 - 2x)$

8. $y = \ln\left(x + \sqrt{1 + x^2}\right)$

9. $y = \ln x \sqrt{x^2 - 1}$

10. $y = \ln(e^x + xe^{-x})$

11. $y = \ln \dfrac{(2x + 1)^5}{\sqrt{x^2 + 1}}$

12. $y = x \ln x - x$

13. $y = x^2 \ln 2x$

14. $y = \dfrac{x}{1 - \ln(x - 1)}$

다음에 답하라.

15. 어떤 골동품의 t년 뒤의 가치가 $V(t) = Ae^{\sqrt{t}}$ 이라고 한다. 골동품의 가치의 증가율 $\dfrac{V'(t)}{V(t)}$ 를 구하라.

16. 어떤 제품의 가격이 p일 때, 수요량이 $q(p) = e^{-p}$ 이라고 한다. 수요의 가격탄력성 $-\dfrac{pq'(p)}{q(p)}$ 를 구하라.

일변수함수의 최적화

2.1.   이계도함수

함수 $f(x)$를 미분한 함수 $f'(x)$를 다시 미분한 함수를 **이계도함수**라 하고 $f''(x)$로 나타낸다.

예제 1. 함수 $y = \ln\left(x + \sqrt{1+x^2}\right)$의 이계도함수를 구하라.

$\boxed{\text{풀이}}$

$$
\begin{aligned}
y' &= \frac{1}{x + \sqrt{1+x^2}}\left(x + \sqrt{1+x^2}\right)' \\
&= \frac{1}{x + \sqrt{1+x^2}}\left(1 + \frac{1}{2\sqrt{1+x^2}} \cdot (1+x^2)'\right) \\
&= \frac{1}{x + \sqrt{1+x^2}}\left(1 + \frac{x}{\sqrt{1+x^2}}\right) \\
&= \frac{1}{\sqrt{1+x^2}}
\end{aligned}
$$

다시 미분하면

$$
\begin{aligned}
y'' &= \frac{(1)'\sqrt{1+x^2} - 1\left(\sqrt{1+x^2}\right)'}{\left(\sqrt{1+x^2}\right)^2} \\
&= \frac{-\frac{1}{2\sqrt{1+x^2}} \cdot (1+x^2)'}{1+x^2} \\
&= -\frac{x}{(1+x^2)\sqrt{1+x^2}}
\end{aligned}
$$

♣ 확인 문제

다음 함수의 이계도함수를 구하라.

1. $y = x^4 - 4x^3 + 3$

2. $y = \dfrac{2x}{x^2 + 1}$

3. $y = xe^{-x}$

4. $y = \ln(x^2 + 1)$

2.1 연습문제

다음 함수의 이계도함수를 구하라.

1. $y = -2x^3 + 3x + 6$

2. $y = x^4 - 4x + 3$

3. $y = 3x^4 - 4x^3 + 1$

4. $y = 2x^6 - 5x^4 + 3$

5. $y = \dfrac{x^2}{x-2}$

6. $y = \dfrac{x}{x^2 - x + 1}$

7. $y = \dfrac{2x - 1}{x^4}$

8. $y = \sqrt{x+1} + 2$

9. $y = (x+2)\sqrt{x-2}$

10. $y = \dfrac{2x + 1}{\sqrt{4x - 3}}$

11. $y = e^{-1/x}$

12. $y = (1 - x^3)e^x$

13. $y = x^2 e^{x^2}$

14. $y = \dfrac{e^x - e^{-x}}{e^x + e^{-x}}$

15. $y = \ln \dfrac{3 - x}{3 + x}$

16. $y = \ln(2x^3 - 3x + 4)$

17. $y = \dfrac{1 + \ln x}{1 - \ln x}$

18. $y = e^x \ln x$

2.2.   극대와 극소

함수 $f(x)$가 극값을 가지는 점을 구하려면 $f'(x) = 0$인 x를 구하면 된다. 이렇게 구한 점에서 $f(x)$가 극대인지, 극소인지는 $f''(x)$의 부호로 판정한다.

극대와 극소

1단계 $f'(x)$를 구한다.

2단계 $f'(x) = 0$을 만족하는 x를 구한다.

3단계 $f''(x)$를 구한다.

4단계 2단계에서 구한 x에 대하여 $f''(x) < 0$이면 극대, $f''(x) > 0$이면 극소로 판정한다.

예제 1. 함수 $f(x) = xe^{-x}$이 극값을 가지는 점을 모두 구하고, 각 점에서 극대인지, 극소인지 판정하라.

$\boxed{\text{1단계}}$ 도함수는

$$f'(x) = (x)'e^{-x} + x(e^{-x})' = e^{-x} + x(-e^{-x}) = (1-x)e^{-x}$$

$\boxed{\text{2단계}}$ $f'(x) = 0$을 만족하는 x는

$$(1-x)e^{-x} = 0 \iff x = 1$$

$\boxed{\text{3단계}}$ 이계도함수는

$$f''(x) = (1-x)'e^{-x} + (1-x)(e^{-x})' = -e^{-x} + (1-x)(-e^{-x}) = (x-2)e^{-x}$$

$\boxed{\text{4단계}}$ $x = 1$일 때 $f''(x)$의 부호는

$$f''(1) = -\frac{1}{e} < 0 \implies x = 1에서 극대$$

예제 2. 포도주는 t년 뒤의 가치가 $Ae^{\sqrt{t}}$ 이고, 이를 현재가치로 환산하면 $Ae^{\sqrt{t}-rt}$ 이라고 한다. 포도주의 현재가치가 극대가 되는 시점을 구하라. (단, $A, r > 0$)

$\boxed{1단계}$ $f(t) = Ae^{\sqrt{t}-rt}$ 이라 하면 도함수는

$$f'(t) = Ae^{\sqrt{t}-rt}(\sqrt{t} - rt)' = Ae^{\sqrt{t}-rt}\left(\frac{1}{2\sqrt{t}} - r\right)$$

$\boxed{2단계}$ $f'(t) = 0$을 만족하는 t는

$$Ae^{\sqrt{t}-rt}\left(\frac{1}{2\sqrt{t}} - r\right) = 0 \iff t = \frac{1}{4r^2}$$

$\boxed{3단계}$ 이계도함수는

$$\begin{aligned} f''(t) &= A(e^{\sqrt{t}-rt})'\left(\frac{1}{2\sqrt{t}} - r\right) + Ae^{\sqrt{t}-rt}\left(\frac{1}{2\sqrt{t}} - r\right)' \\ &= Ae^{\sqrt{t}-rt}\left(\frac{1}{2\sqrt{t}} - r\right)^2 + Ae^{\sqrt{t}-rt}\left(-\frac{1}{4t\sqrt{t}}\right) \end{aligned}$$

$\boxed{4단계}$ $t = \frac{1}{4r^2}$ 일 때 $\frac{1}{2\sqrt{t}} - r = 0$이므로 $f''(t)$의 부호는

$$f''\left(\frac{1}{4r^2}\right) = -2Ar^3 e^{1/4r} < 0 \implies t = \frac{1}{4r^2} \text{에서 극대}$$

♣ 확인 문제

다음 함수가 극값을 가지는 점을 모두 구하고, 각 점에서 극대인지, 극소인지 판정하라.

1. $f(x) = x^3 - 3x - 2$

2. $f(x) = 2\sqrt{x} - x$

3. $f(x) = x^{-1}e^x$

4. $f(x) = x\ln x - x$

다음에 답하라.

5. 어떤 기업이 제품을 q개 생산하면 가격은 $-0.01q + 25$가 되고, 여기에 드는 비용은 $0.01q^2$ 이라고 한다. 이 기업의 이윤이 극대가 되는 생산량을 구하라.

2.2   연습문제

다음 함수가 극값을 가지는 점을 모두 구하고, 각 점에서 극대인지, 극소인지 판정하라.

1. $y = -4x^3 + 3x^2 + 6x$

2. $y = x^4 - 4x^3 + 4x^2 + 6$

3. $y = 3x^4 - 8x^3 - 6x^2 + 24x + 9$

4. $y = x + \dfrac{1}{x}$

5. $y = \dfrac{x^2}{x - 2}$

6. $y = \dfrac{x^2 + x + 2}{x - 1}$

7. $y = \dfrac{2}{x^2 + 1}$

8. $y = \dfrac{x}{x^2 + 1}$

9. $y = e^{-x^2}$

10. $y = (\ln x)^2$

11. $y = \ln(x^2 + 1)^2$

12. $y = \dfrac{\ln x}{x}$

다음에 답하라.

13. 어떤 극장의 입장료가 p일 때, 입장객 수는 $500 - 5p^2$이라고 한다. 입장료 수입이 극대가 되는 입장료를 구하라.

14. 어떤 기업이 제품을 q개 생산하는 데 드는 비용이 $q^3 - 30q^2 + 225q + 100$이라고 한다. 이 제품의 가격이 p일 때, 이 기업의 이윤이 극대가 되는 생산량을 p의 식으로 나타내라.

일변수함수의 적분법

3.1. 부정적분

'적분한다'라는 말은 부정적분을 구한다는 것이다. 몇 가지 미분법에 따라 구할 수 있는 도함수와 달리 부정적분을 구하는 체계적인 방법은 없다. 다음은 부정적분을 구할 수 있는 대표적인 함수이다.

부정적분

x^n **의 부정적분**(단, C는 적분상수)

$$\int a\,dx \;=\; ax + C \text{ (단, } a \text{는 상수)}$$

$$\int x^n\,dx \;=\; \frac{1}{n+1}x^{n+1} + C \text{ (단, } n \neq -1)$$

$$\int \frac{1}{x}\,dx \;=\; \ln|x| + C$$

합, 차와 실수배의 적분법

$$\int (f(x) \pm g(x))\,dx \;=\; \int f(x)\,dx \pm \int g(x)\,dx$$

$$\int cf(x)\,dx \;=\; c\int f(x)\,dx \text{ (단, } c \text{는 상수)}$$

예제 1. 부정적분 $\displaystyle\int \frac{(2\sqrt{x}-1)^2}{x}\,dx$ 를 구하라.

$\boxed{\text{풀이}}$ $\quad \dfrac{(2\sqrt{x}-1)^2}{x} = \dfrac{4x - 4\sqrt{x} + 1}{x} = 4 - 4x^{-1/2} + \dfrac{1}{x}$ 이므로

$$
\begin{aligned}
\int \frac{(2\sqrt{x}-1)^2}{x}\,dx &= \int \left(4 - 4x^{-1/2} + \frac{1}{x}\right) dx \\
&= \int 4\,dx - \int 4x^{-1/2}\,dx + \int \frac{1}{x}\,dx \\
&= 4x - \frac{4}{-1/2 + 1}x^{-1/2+1} + \ln|x| + C \\
&= 4x - 8\sqrt{x} + \ln|x| + C
\end{aligned}
$$

지수함수의 부정적분

$$\int e^x \, dx \;=\; e^x + C$$

$$\int a^x \, dx \;=\; \frac{a^x}{\ln a} + C$$

예제 2. 부정적분 $\displaystyle\int \frac{8^x + 1}{2^x + 1} \, dx$ 를 구하라.

풀이 인수분해 공식 $a^3 + b^3 = (a+b)(a^2 - ab + b^2)$ 에 의하여

$$\frac{8^x + 1}{2^x + 1} = \frac{(2^x)^3 + 1^3}{2^x + 1} = \frac{(2^x + 1)((2^x)^2 - 2^x \cdot 1 + 1^2)}{2^x + 1} = 4^x - 2^x + 1$$

이므로

$$\begin{aligned}
\int \frac{8^x + 1}{2^x + 1} \, dx &= \int (4^x - 2^x + 1) \, dx \\
&= \int 4^x \, dx - \int 2^x \, dx + \int 1 \, dx \\
&= \frac{4^x}{\ln 4} - \frac{2^x}{\ln 2} + x + C
\end{aligned}$$

♣ 확인 문제

다음 부정적분을 구하라.

1. $\displaystyle\int \left(\frac{3}{x} - \frac{4}{x^2} \right) dx$

2. $\displaystyle\int \frac{x^3}{x+1} \, dx + \int \frac{1}{x+1} \, dx$

3. $\displaystyle\int (x-2)\sqrt{x} \, dx$

4. $\displaystyle\int \frac{x+1}{\sqrt{x}} \, dx$

5. $\displaystyle\int (e^x - 4x + 2) \, dx$

6. $\displaystyle\int 10^{x+2} \, dx$

7. $\displaystyle\int 2^x (2^x + 1) \, dx$

8. $\displaystyle\int \frac{xe^x - 2}{x} \, dx$

3.1 연습문제

다음 부정적분을 구하라.

1. $\displaystyle\int 3x\sqrt[3]{x}\,dx$

2. $\displaystyle\int (3x^2 + 6x - 5)\,dx$

3. $\displaystyle\int (7x^{2/5} - 8x^{4/5})\,dx$

4. $\displaystyle\int \frac{x^3 + 8}{x + 2}\,dx$

5. $\displaystyle\int \frac{x^5 - x^3 + 2x}{x^4}\,dx$

6. $\displaystyle\int \frac{(x+1)^3}{x^2}\,dx$

7. $\displaystyle\int \left(x + \frac{1}{x}\right)^3 dx$

8. $\displaystyle\int \sqrt[3]{x}(\sqrt{x} + 1)\,dx$

9. $\displaystyle\int \frac{1 + x + x^2}{\sqrt{x}}\,dx$

10. $\displaystyle\int \frac{x^2 - 3x + 2}{\sqrt{x}}\,dx$

11. $\displaystyle\int e^{x+1}\,dx$

12. $\displaystyle\int e^{1-3x}\,dx$

13. $\displaystyle\int 10^{2x+3}\,dx$

14. $\displaystyle\int (2e^x - 3^x)\,dx$

15. $\displaystyle\int \frac{e^{2x} + 1}{e^x}\,dx$

3.2. 적분기법

지금까지 적분할 수 있는 함수는 간단한 식의 변형으로 부정적분을 이미 알고 있는 함수가 되는 것에 국한되었다. 그렇지 못할 때 적분하려는 함수를 부정적분을 이미 알고 있는 함수로 바꾸는 주요한 방법이 **치환적분법**이다.

> **치환적분법**
>
> $$\int f(g(x))g'(x)\,dx = \int f(t)\,dt$$

조언　　치환적분법은 복잡한 함수 $f(g(x))g'(x)$ 의 적분을, 치환을 통하여 간단한 함수 $f(t)$ 의 부정적분으로 바꾸는 방법이다. $g(x)$ 를 t 로 치환할 때

$$g'(x)\,dx \to dt$$

라고 기억하면 좋다. 치환적분법을 쓸 때에는 dt 로 바뀔 부분을 따로 빼 놓으면 편리하다.

예제 1. 부정적분 $\displaystyle\int \frac{x}{\sqrt{x^2+1}}\,dx$ 를 구하라.

풀이　　x^2+1 을 t 로 치환하면 $2x\,dx \to dt$ 이므로

$$\int \frac{x}{\sqrt{x^2+1}}\,dx = \int \frac{1}{2\sqrt{x^2+1}}\cdot 2x\,dx = \int \frac{1}{2\sqrt{t}}\,dt = \sqrt{t} + C = \sqrt{x^2+1} + C$$

♣ 확인 문제

다음 부정적분을 구하라.

1. $\displaystyle\int 2x(x^2-1)^3\,dx$

2. $\displaystyle\int x(1-x)^{20}\,dx$

3. $\displaystyle\int \frac{1}{(2x+1)^2}\,dx$

4. $\displaystyle\int \frac{x-1}{x^2-2x-2}\,dx$

5. $\displaystyle\int e^x(e^x+1)^3\,dx$

6. $\displaystyle\int \frac{1}{x\ln x}\,dx$

두 함수의 곱으로 된 함수를 적분할 때 유용한 방법이 **부분적분법**이다.

부분적분법

$$\int f(x)g(x)\,dx \;=\; F(x)g(x) - \int F(x)g'(x)\,dx$$

$$\int f(x)g(x)\,dx \;=\; f(x)G(x) - \int f'(x)G(x)\,dx$$

(단, $F(x)$, $G(x)$는 각각 $f(x)$, $g(x)$의 부정적분)

조언 1   부분적분법을 쓰려면 적분하려는 함수를 $f(x)$와 $g(x)$의 곱으로 본 다음, $f(x)$가 적분하기 쉬우면 $F(x)$가 포함된 첫째 공식을, $g(x)$가 적분하기 쉬우면 $G(x)$가 포함된 둘째 공식을 쓴다. 둘 다 적분하기 쉬우면 $F(x)g'(x)$와 $f'(x)G(x)$ 가운데 적분하기 쉬운 쪽에 맞추어 공식을 적용한다.

조언 2   부분적분법의 $F(x)$나 $G(x)$는 적분상수를 무시하고 구한다.

예제 2. 다음 부정적분을 구하라.

(1) $\displaystyle\int \ln x\,dx$ 　　　　　　　　　　　(2) $\displaystyle\int xe^{-x}\,dx$

풀이   (1) $\ln x$는 두 함수의 곱으로 보이지 않지만 $f(x) = 1$, $g(x) = \ln x$라 하면 두 함수의 곱으로 볼 수 있다. $f(x)$가 적분하기 쉬우므로 $(F(x) = x)$

$$\int \ln x\,dx = x\ln x - \int x \cdot \frac{1}{x}\,dx = x\ln x - x + C$$

(2) $f(x) = x$, $g(x) = e^{-x}$이라 하자. 둘 다 적분하기 쉬우므로

$$F(x)g'(x) = \frac{1}{2}x^2(-e^{-x}) = -\frac{1}{2}x^2e^{-x}, \qquad f'(x)G(x) = 1 \cdot (-e^{-x}) = -e^{-x}$$

을 비교하면 $f'(x)G(x)$가 적분하기 쉬우므로

$$\int xe^{-x}\,dx = x(-e^{-x}) - \int (-e^{-x})\,dx = -xe^{-x} - e^{-x} + C = -(x+1)e^{-x} + C$$

예제 3. 부정적분 $\int x^2 e^x \, dx$ 를 구하라.

$\boxed{\text{풀이}}$ $f(x) = x^2$, $g(x) = e^x$ 이라 하자. 둘 다 적분하기 쉬우므로

$$F(x)g'(x) = \frac{1}{3}x^3 e^x, \qquad f'(x)G(x) = 2xe^x$$

을 비교하자. 어느 것도 바로 부정적분을 구할 수는 없지만, 첫째 함수는 e^x 앞에 곱해진 함수의 차수가 3으로 올라갔고, 둘째 함수는 1로 내려갔다. 따라서 둘째 함수를 적분하는 쪽으로 부분적분법을 적용하면

$$\int x^2 e^x \, dx = x^2 e^x - \int 2xe^x \, dx$$

$2xe^x$ 을 적분하기 위하여 다시 $f(x) = 2x$, $g(x) = e^x$ 이라 하자. 둘 다 적분하기 쉬우므로

$$F(x)g'(x) = x^2 e^x, \qquad f'(x)G(x) = 2e^x$$

을 비교하면 $f'(x)G(x)$ 가 적분하기 쉬우므로

$$\int 2xe^x \, dx = 2xe^x - \int 2e^x \, dx = 2xe^x - 2e^x + C = 2(x-1)e^x + C$$

따라서

$$\int x^2 e^x \, dx = x^2 e^x - 2(x-1)e^x + C = (x^2 - 2x + 2)e^x + C$$

♣ 확인 문제

다음 부정적분을 구하라.

1. $\int \dfrac{x}{e^{2x}} \, dx$

2. $\int (x^2 + 1) \ln x \, dx$

3. $\int (\ln x)^2 \, dx$

4. $\int \dfrac{\ln x}{\sqrt{x}} \, dx$

3.2 연습문제

다음 부정적분을 구하라.

1. $\displaystyle\int (2x-5)^3\, dx$

2. $\displaystyle\int \frac{1}{5x-1}\, dx$

3. $\displaystyle\int x\sqrt{x+1}\, dx$

4. $\displaystyle\int e^{2x+1}\, dx$

5. $\displaystyle\int 3x^2(x^3+1)^2\, dx$

6. $\displaystyle\int x\sqrt{3x^2+2}\, dx$

7. $\displaystyle\int x^2 e^{x^3}\, dx$

8. $\displaystyle\int \frac{2x-1}{x^2-x-2}\, dx$

9. $\displaystyle\int \frac{3x^2}{\sqrt{1+x^3}}\, dx$

10. $\displaystyle\int \frac{e^x}{e^x+1}\, dx$

11. $\displaystyle\int \frac{1}{x(\ln x)^2}\, dx$

12. $\displaystyle\int xe^{2x}\, dx$

13. $\displaystyle\int \ln 4x\, dx$

14. $\displaystyle\int x\ln 2x\, dx$

15. $\displaystyle\int \frac{\ln(\ln x)}{x}\, dx$

3.3. 정적분

부정적분만 구하면 정적분을 구한 것이나 다름없다. 부정적분에 적분구간 양 끝의 값을 대입하기만 하면 정적분이 구해지기 때문이다.

> **정적분의 계산**
>
> $$\int_a^b f(x)\,dx = F(b) - F(a) \ (단, \ F(x)는 \ f(x)의 \ 부정적분)$$

조언   정적분을 구할 때 부정적분의 적분상수는 무시한다.

예제 1. 정적분 $\displaystyle\int_1^2 \frac{(2\sqrt{x}-1)^2}{x}\,dx + \int_0^1 \frac{x}{\sqrt{x^2+1}}\,dx + \int_1^e \ln x\,dx$ 를 구하라.

풀이   22쪽, 25쪽, 26쪽에서 각각의 부정적분이

$$4x - 8\sqrt{x} + \ln|x| + C, \qquad \sqrt{x^2+1} + C, \qquad x\ln x - x + C$$

이므로

$$\left[4x - 8\sqrt{x} + \ln|x|\right]_1^2 = (8 - 8\sqrt{2} + \ln 2) - (4 - 8 + \ln 1) = 12 - 8\sqrt{2} + \ln 2$$

$$\left[\sqrt{x^2+1}\right]_0^1 = \sqrt{1^2+1} - \sqrt{0^2+1} = \sqrt{2} - 1$$

$$\left[x\ln x - x\right]_1^e = (e\ln e - e) - (1\ln 1 - 1) = 1$$

모두 더하면 $12 - 7\sqrt{2} + \ln 2$

♣ 확인 문제

다음 정적분을 구하라.

1. $\displaystyle\int_1^9 \sqrt[3]{x-1}\,dx$

2. $\displaystyle\int_0^1 (x-1)e^{-x}\,dx$

예제 2. 가격 p와 수요량 또는 공급량 q의 관계가 각각 함수 $p = D(q)$, $p = S(q)$로 나타날 때, $D(q_0) = S(q_0)$를 만족하는 q_0를 균형거래량이라 하고

$$\int_0^{q_0} (D(q) - D(q_0))\, dq, \qquad \int_0^{q_0} (S(q_0) - S(q))\, dq$$

를 각각 소비자잉여와 생산자잉여라 한다. $D(q) = 90 - 0.1q^2$, $S(q) = 0.9q^2 + q$일 때, 균형거래량, 소비자잉여와 생산자잉여를 구하라.

$\boxed{\text{풀이}}$ $D(q_0) = S(q_0)$를 만족하는 q_0는

$$90 - 0.1q^2 = 0.9q^2 + q \iff q^2 + q - 90 = (q - 9)(q + 10) = 0$$

으로부터 $q_0 = 9$이다. $D(9) = S(9) = 81.9$이므로 소비자잉여와 생산자잉여는 각각

$$
\begin{aligned}
\int_0^9 (D(q) - D(9))\, dq &= \int_0^9 (90 - 0.1q^2 - 81.9)\, dq \\
&= \left[8.1q - \frac{1}{30}q^3 \right]_0^9 = 8.1 \times 9 - \frac{1}{30} \times 9^3 = 48.6 \\
\int_0^9 (S(9) - S(q))\, dq &= \int_0^9 (81.9 - 0.9q^2 - q)\, dq \\
&= \left[81.9q - 0.3q^3 - \frac{1}{2}q^2 \right]_0^9 \\
&= 81.9 \times 9 - 0.3 \times 9^3 - \frac{1}{2} \times 9^2 = 477.9
\end{aligned}
$$

♣ 확인 문제

1. 가격 p와 수요량 또는 공급량 q 사이의 관계가 각각 $p = 200 - 0.3q^2$, $p = 0.7q^2 + 10q$라고 한다. 소비자잉여와 생산자잉여를 구하라.

3.3   연습문제

다음 정적분을 구하라.

1. $\displaystyle\int_1^2 \frac{2x^2 + 1}{x}\,dx$

2. $\displaystyle\int_{-4}^{-1} \left(\frac{2}{x^2} + \frac{1}{x}\right)dx$

3. $\displaystyle\int_1^4 \left(\sqrt{x} - \frac{2}{x}\right)dx$

4. $\displaystyle\int_0^1 (e^x + e^{-x})^2\,dx$

5. $\displaystyle\int_0^3 \sqrt{x+1}\,dx$

6. $\displaystyle\int_1^3 \frac{x}{x^2 + 1}\,dx$

7. $\displaystyle\int_1^2 \frac{x-1}{x^2 - 2x + 3}\,dx$

8. $\displaystyle\int_0^{\sqrt{3}} x\sqrt{x^2 + 1}\,dx$

9. $\displaystyle\int_1^4 \frac{1}{\sqrt{x}}e^{\sqrt{x}}\,dx$

10. $\displaystyle\int_e^{e^2} \frac{3(\ln x)^2}{x}\,dx$

11. $\displaystyle\int_0^1 xe^{-x}\,dx$

12. $\displaystyle\int_0^1 x^2 e^x\,dx$

13. $\displaystyle\int_0^{1/2} x^2 \ln(1-x)\,dx$

다음에 답하라.

14. 가격 p와 수요량 q 사이의 관계가 $p = 10 - 2\sqrt{q}$ 라고 한다. 가격이 8에서 6으로 변할 때, 소비자잉여의 변화를 구하라.

벡터와 행렬

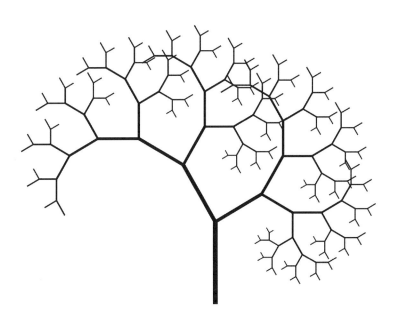

4.1. 벡터의 연산

크기와 방향을 가진 양을 벡터라 하지만, 여러 개의 수를 가로로 나열하고 괄호로 묶은 것으로 생각해도 충분하다. 벡터를 한 문자로 나타낼 때에는 $\vec{a}$, $\vec{b}$ 와 같이 문자 위에 화살표를 붙인다.

벡터의 덧셈, 뺄셈과 실수배

벡터의 덧셈, 뺄셈   두 벡터 $\vec{a}$, $\vec{b}$ 를 구성하는 성분의 개수가 같을 때, 벡터의 덧셈과 뺄셈은 같은 위치에 있는 성분끼리 더하거나 빼면 된다. 즉

$$(a_1, a_2, \cdots, a_n) \pm (b_1, b_2, \cdots, b_n) = (a_1 \pm b_1, a_2 \pm b_2, \cdots, a_n \pm b_n)$$

벡터의 실수배   벡터 $\vec{a}$ 의 모든 성분에 c를 곱한 벡터를 $c\vec{a}$ 로 나타낸다. 즉

$$c(a_1, a_2, \cdots, a_n) = (ca_1, ca_2, \cdots, ca_n)$$

문자로 된 벡터의 계산   문자로 된 벡터의 계산은 실수처럼 취급하여 간단히 한 다음 대입하면 된다.

예제 1. 벡터 $\vec{a} = (3, -1, 2)$, $\vec{b} = (4, 0, -8)$, $\vec{c} = (6, -1, 4)$에 대하여 $(2\vec{a} - 7\vec{c}) - (8\vec{b} + \vec{a})$를 구하라.

$\boxed{\text{풀이}}$
$$\begin{aligned}
(2\vec{a} - 7\vec{c}) - (8\vec{b} + \vec{a}) &= \vec{a} - 8\vec{b} - 7\vec{c} \\
&= (3, -1, 2) - 8(4, 0, -8) - 7(6, -1, 4) \\
&= (3 - 32 - 42, \ -1 - 0 + 7, \ 2 + 64 - 28) \\
&= (-71, 6, 38)
\end{aligned}$$

♣ 확인 문제

벡터 $\vec{a} = (-3, 2, 1, 0)$, $\vec{b} = (4, 7, -3, 2)$, $\vec{c} = (5, -2, 8, 1)$ 에 대하여 다음을 구하라.

1. $2\vec{a} + 7\vec{b}$
2. $6(\vec{a} - 3\vec{b})$
3. $-\vec{a} + (\vec{b} - 4\vec{c})$
4. $(6\vec{b} - \vec{c}) - (4\vec{a} + \vec{b})$

> **벡터의 내적과 크기**
>
> **벡터의 내적** 두 벡터 $\vec{a}$, $\vec{b}$ 를 구성하는 성분의 개수가 같을 때, 내적 $\vec{a} \cdot \vec{b}$ 는 같은 위치에 있는 성분끼리 곱하여 더한 것이다. 즉
>
> $$(a_1, a_2, \cdots, a_n) \cdot (b_1, b_2, \cdots, b_n) = a_1 b_1 + a_2 b_2 + \cdots + a_n b_n$$
>
> **벡터의 크기** 벡터 $(a_1, a_2, \cdots, a_n)$ 의 크기는
>
> $$|(a_1, a_2, \cdots, a_n)| = \sqrt{a_1{}^2 + a_2{}^2 + \cdots + a_n{}^2}$$

조언 벡터를 내적한 결과는 더 이상 벡터가 아니고 실수이다.

예제 2. 벡터 $\vec{a} = (2, -2, 3)$, $\vec{b} = (1, -3, 4)$에 대하여 $\vec{a} \cdot \vec{b}$, $|\vec{a} - \vec{b}|$, $|\vec{a}| - |\vec{b}|$ 를 구하라.

풀이

$$
\begin{aligned}
\vec{a} \cdot \vec{b} &= 2 \cdot 1 + (-2) \cdot (-3) + 3 \cdot 4 = 2 + 6 + 12 = 20 \\
|\vec{a} - \vec{b}| &= |(1, 1, -1)| = \sqrt{1^2 + 1^2 + (-1)^2} = \sqrt{3} \\
|\vec{a}| - |\vec{b}| &= \sqrt{2^2 + (-2)^2 + 3^2} - \sqrt{1^2 + (-3)^2 + 4^2} = \sqrt{17} - \sqrt{26}
\end{aligned}
$$

♣ 확인 문제

벡터 $\vec{a}$, $\vec{b}$ 가 다음과 같을 때, $\vec{a} \cdot \vec{a}$, $\vec{a} \cdot \vec{b}$, $\vec{b} \cdot \vec{b}$ 를 구하라.

1. $\vec{a} = (2, 1)$, $\vec{b} = (-3, 4)$

3. $\vec{a} = (1, 2, 3)$, $\vec{b} = (3, -2, 5)$

2. $\vec{a} = (-1, 1)$, $\vec{b} = (2, 2)$

4. $\vec{a} = (-2, -6, -5)$, $\vec{b} = (1, 2, -3)$

벡터 $\vec{a} = (-2, -1, 4, 5)$, $\vec{b} = (3, 1, -5, 7)$, $\vec{c} = (-6, 2, 1, 1)$에 대하여 다음을 구하라.

1. $|4\vec{a} - 2\vec{b} + \vec{c}|$

3. $|\vec{a}| - 2|\vec{b}| - 3|\vec{c}|$

2. $|4\vec{a}| - |2\vec{b}| + |\vec{c}|$

4. $|\vec{a}| + |-2\vec{b}| + |-3\vec{c}|$

4.1   연습문제

벡터 $\vec{a} = (3, -2)$, $\vec{b} = (1, 0)$, $\vec{c} = (-2, 4)$에 대하여 다음을 구하라.

    1. $3\vec{a} - 2(\vec{b} + 2\vec{c})$

    2. $-3(\vec{c} - 2\vec{a} + \vec{b})$

    3. $(-2\vec{a} - \vec{b}) - 5(\vec{b} + 3\vec{c})$

벡터 $\vec{a} = (5, -1, 0, 3, -3)$, $\vec{b} = (-1, -1, 7, 2, 0)$, $\vec{c} = (-4, 2, -3, -5, 2)$에 대하여 다음을 구하라.

    4. $5(\vec{a} + 2\vec{c}) - 3\vec{b}$

    5. $-2(3\vec{c} + \vec{a}) + (2\vec{a} + \vec{c})$

    6. $\frac{1}{2}(\vec{c} - 5\vec{b} + 2\vec{a}) + \vec{b}$

벡터 $\vec{a}$, $\vec{b}$가 다음과 같을 때, $\vec{a} \cdot \vec{a}$, $\vec{a} \cdot \vec{b}$, $\vec{b} \cdot \vec{b}$를 구하라.

    7. $\vec{a} = (1, 2, -3)$, $\vec{b} = (3, -3, 5)$

    8. $\vec{a} = (2, 1, -2, 4)$, $\vec{b} = (0, -1, -3, 1)$

    9. $\vec{a} = (-1, -1, 2, 3)$, $\vec{b} = (1, 0, -5, 1)$

    10. $\vec{a} = (-2, 1, 2, 0, 3)$, $\vec{b} = (-1, 2, -2, 2, -1)$

벡터 $\vec{a} = (2, -2, 3)$, $\vec{b} = (1, -3, 4)$, $\vec{c} = (3, 6, -4)$에 대하여 다음을 구하라.

    11. $|\vec{a} - \vec{c}|$

    12. $|2\vec{a}| - 2|\vec{a}|$

    13. $|3\vec{a} + 3\vec{c}|$

    14. $|2\vec{a} - 4\vec{b} + \vec{c}|$

4.2. 행렬의 연산

여러 개의 수를 직사각형 모양으로 배열하고 괄호로 묶은 것을 **행렬**이라 한다. 행렬의 가로줄을 행, 세로줄을 열이라 한다.

행렬의 덧셈, 뺄셈과 실수배

행렬의 덧셈, 뺄셈 두 행렬의 행과 열의 개수가 같을 때, 행렬의 덧셈과 뺄셈은 같은 위치에 있는 성분끼리 더하거나 빼면 된다. 예를 들어

$$\begin{pmatrix} a_{11} & a_{12} & a_{13} \\ a_{21} & a_{22} & a_{23} \end{pmatrix} \pm \begin{pmatrix} b_{11} & b_{12} & b_{13} \\ b_{21} & b_{22} & b_{23} \end{pmatrix} = \begin{pmatrix} a_{11} \pm b_{11} & a_{12} \pm b_{12} & a_{13} \pm b_{13} \\ a_{21} \pm b_{21} & a_{22} \pm b_{22} & a_{23} \pm b_{23} \end{pmatrix}$$

행렬의 실수배 행렬 A의 모든 성분에 c를 곱한 행렬을 cA로 나타낸다. 예를 들어

$$c \begin{pmatrix} a_{11} & a_{12} & a_{13} \\ a_{21} & a_{22} & a_{23} \end{pmatrix} = \begin{pmatrix} ca_{11} & ca_{12} & ca_{13} \\ ca_{21} & ca_{22} & ca_{23} \end{pmatrix}$$

문자로 된 행렬의 계산 문자로 된 행렬의 계산은 실수처럼 취급하여 정리한 다음 대입하면 된다.

예제 1. 행렬 $A = \begin{pmatrix} 1 & -2 \\ 3 & 0 \end{pmatrix}$, $B = \begin{pmatrix} -3 & 2 \\ 1 & 4 \end{pmatrix}$ 에 대하여 $2(A+3B) - 2B + 5A$를 구하라.

$\boxed{\text{풀이}}$ $2(A+3B) - 2B + 5A = 2A + 6B - 2B + 5A = 7A + 4B$ 이므로

$$7 \begin{pmatrix} 1 & -2 \\ 3 & 0 \end{pmatrix} + 4 \begin{pmatrix} -3 & 2 \\ 1 & 4 \end{pmatrix} = \begin{pmatrix} 7 & -14 \\ 21 & 0 \end{pmatrix} + \begin{pmatrix} -12 & 8 \\ 4 & 16 \end{pmatrix} = \begin{pmatrix} -5 & -6 \\ 25 & 16 \end{pmatrix}$$

♣ 확인 문제

1. 행렬 $A = \begin{pmatrix} 1 & -3 \\ 2 & 1 \end{pmatrix}$, $B = \begin{pmatrix} 5 & 0 \\ -2 & 3 \end{pmatrix}$ 에 대하여 $3A - 2(2B - A) + 4B$를 구하라.

처음 행렬의 열의 개수와 나중 행렬의 행의 개수가 같으면 두 행렬을 곱할 수 있다. 행과 열이 2개인 행렬로 예를 들면 다음과 같다.

행렬의 곱셈

1단계 가장 왼쪽의 행과 가장 왼쪽의 열의 수를 차례대로 곱한 다음 더한다.

$$\begin{pmatrix} a & b \end{pmatrix} \begin{pmatrix} x \\ z \end{pmatrix} = \begin{pmatrix} ax + bz & \end{pmatrix}$$

2단계 행은 그대로 두고 열을 하나 오른쪽으로 옮겨 같은 작업을 한다.

$$\begin{pmatrix} a & b \end{pmatrix} \begin{pmatrix} y \\ w \end{pmatrix} = \begin{pmatrix} & ay + bw \end{pmatrix}$$

3단계 가장 오른쪽 열에 도달하면 행을 하나 아래쪽으로, 열을 가장 왼쪽으로 옮겨 같은 작업을 한다.

$$\begin{pmatrix} c & d \end{pmatrix} \begin{pmatrix} x \\ z \end{pmatrix} = \begin{pmatrix} \\ cx + dz \end{pmatrix}$$

4단계 마지막 행, 마지막 열에 도달할 때까지 반복한다.

$$\begin{pmatrix} c & d \end{pmatrix} \begin{pmatrix} y \\ w \end{pmatrix} = \begin{pmatrix} \\ & cy + dw \end{pmatrix}$$

조언   행렬의 곱셈에서 계산 결과를 쓰는 방향은 글을 쓰는 방향과 같다. 계산할 열이 하나 오른쪽으로 가면 계산 결과도 하나 오른쪽에 쓰고, 가장 오른쪽 열에 도달해 계산할 행이 하나 아래쪽으로 가면 계산 결과도 다음 행에 쓴다.

예제 2. 행렬 $\begin{pmatrix} 0 & 1 & 2 \\ 3 & 2 & 1 \end{pmatrix} \begin{pmatrix} 0 & 3 \\ 1 & 2 \\ 2 & 1 \end{pmatrix}$ 을 구하라.

1단계   가장 왼쪽의 행과 가장 왼쪽의 열의 수를 차례대로 곱한 다음 더하면

$$\begin{pmatrix} 0 & 1 & 2 \\ 3 & 2 & 1 \end{pmatrix} \begin{pmatrix} 0 & 3 \\ 1 & 2 \\ 2 & 1 \end{pmatrix} = \begin{pmatrix} 0\cdot 0 + 1\cdot 1 + 2\cdot 2 & \end{pmatrix} = \begin{pmatrix} 5 & \end{pmatrix}$$

2단계   행은 그대로 두고 열을 하나 오른쪽으로 옮겨 같은 작업을 하면

$$\begin{pmatrix} 0 & 1 & 2 \\ 3 & 2 & 1 \end{pmatrix} \begin{pmatrix} 0 & 3 \\ 1 & 2 \\ 2 & 1 \end{pmatrix} = \begin{pmatrix} & 0\cdot 3 + 1\cdot 2 + 2\cdot 1 \end{pmatrix} = \begin{pmatrix} & 4 \end{pmatrix}$$

3단계   가장 오른쪽 열에 도달하였으므로 행을 하나 아래쪽으로, 열을 가장 왼쪽으로 옮겨 같은 작업을 하면

$$\begin{pmatrix} 0 & 1 & 2 \\ 3 & 2 & 1 \end{pmatrix} \begin{pmatrix} 0 & 3 \\ 1 & 2 \\ 2 & 1 \end{pmatrix} = \begin{pmatrix} 3\cdot 0 + 2\cdot 1 + 1\cdot 2 & \end{pmatrix} = \begin{pmatrix} \\ 4 & \end{pmatrix}$$

4단계   행은 그대로 두고 열을 하나 오른쪽으로 옮겨 같은 작업을 하면

$$\begin{pmatrix} 0 & 1 & 2 \\ 3 & 2 & 1 \end{pmatrix} \begin{pmatrix} 0 & 3 \\ 1 & 2 \\ 2 & 1 \end{pmatrix} = \begin{pmatrix} & 3\cdot 3 + 2\cdot 2 + 1\cdot 1 \end{pmatrix} = \begin{pmatrix} & 14 \end{pmatrix}$$

마지막 행, 마지막 열에 도달하였으므로 구하는 행렬은 $\begin{pmatrix} 5 & 4 \\ 4 & 14 \end{pmatrix}$

♣ 확인 문제

다음을 구하라.

1. $\begin{pmatrix} 1 & 2 \\ 0 & 3 \end{pmatrix} \begin{pmatrix} 1 & -1 \\ -2 & 3 \end{pmatrix}$

2. $\begin{pmatrix} 1 & 2 \\ 0 & -1 \end{pmatrix} \begin{pmatrix} 3 & -1 & 0 \\ 1 & 4 & 1 \end{pmatrix}$

4.2   연습문제

다음을 구하라.

1. $\begin{pmatrix} 1 & -2 \\ -3 & 0 \end{pmatrix} + \begin{pmatrix} 0 & 1 \\ 3 & 2 \end{pmatrix}$

2. $\begin{pmatrix} 2 & 1 \\ -3 & 0 \end{pmatrix} + \begin{pmatrix} 0 & -1 \\ -1 & 0 \end{pmatrix}$

3. $\begin{pmatrix} 1 & 0 & 1 \\ 4 & 3 & -2 \end{pmatrix} + \begin{pmatrix} 1 & 4 & -3 \\ 2 & 0 & 5 \end{pmatrix}$

4. $(3 \quad 5) \begin{pmatrix} 1 \\ -2 \end{pmatrix}$

5. $\begin{pmatrix} 1 \\ 4 \end{pmatrix} (2 \quad 3)$

6. $\begin{pmatrix} 5 & -2 \\ 2 & 3 \end{pmatrix} \begin{pmatrix} -3 & 1 \\ 6 & 2 \end{pmatrix}$

7. $\begin{pmatrix} 0 & 2 & 3 \\ 3 & 0 & 1 \end{pmatrix} \begin{pmatrix} 1 & -3 \\ -2 & 2 \\ 3 & 1 \end{pmatrix}$

8. $\begin{pmatrix} 7 & 11 \\ 2 & 9 \\ 10 & 6 \end{pmatrix} \begin{pmatrix} 12 & 4 & 5 \\ 3 & 6 & 1 \end{pmatrix}$

다음에 답하라.

9. 행렬 $A = \begin{pmatrix} 3 & -5 \\ 0 & 1 \end{pmatrix}$, $B = \begin{pmatrix} 3 & 0 \\ 1 & 2 \end{pmatrix}$ 에 대하여 $5A - 2(3B + A) + 7B$를 구하라.

10. 행렬 $A = \begin{pmatrix} -1 & 3 \\ 4 & -2 \end{pmatrix}$, $B = \begin{pmatrix} 0 & -1 \\ 2 & 0 \end{pmatrix}$ 에 대하여 $4(A + B) - 2(A + 4B)$를 구하라.

행렬식

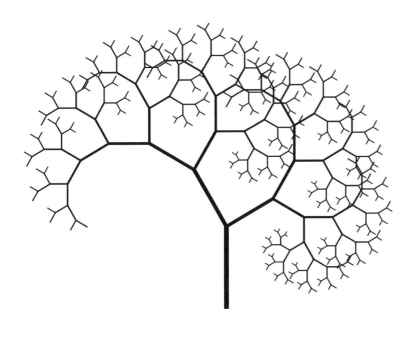

5.1.   행렬식의 계산

행과 열의 개수가 같은 행렬은 **행렬식**을 구할 수 있다. 행렬 A의 행렬식은 $|A|$로 나타낸다.

> **행렬식의 계산**
>
> **행과 열이 2개일 때**
> $$\begin{vmatrix} a & b \\ c & d \end{vmatrix} = ad - bc$$
>
> **행과 열이 3개 이상일 때**   행과 열이 3개 이상인 행렬의 행렬식은 행과 열이 2개인 행렬의 행렬식으로 바꾸어 구한다. 예를 들어
> $$\begin{pmatrix} a & b & c \\ d & e & f \\ g & h & i \end{pmatrix}$$
>
> 의 행렬식을 구하려면 먼저 위와 같이 행 또는 열을 하나 선택한다. 위와 같이 1행을 선택하면 1행의 첫째 수, 둘째 수, 셋째 수가 속한 행과 열을
> $$\begin{pmatrix} a & b & c \\ d & e & f \\ g & h & i \end{pmatrix}, \quad \begin{pmatrix} a & b & c \\ d & e & f \\ g & h & i \end{pmatrix}, \quad \begin{pmatrix} a & b & c \\ d & e & f \\ g & h & i \end{pmatrix}$$
>
> 와 같이 지운다. 이제 (원 안의 수)×(지워지지 않은 수로 이루어진 행렬의 행렬식)을 계산한 다음, 원 안의 수가
> $$\begin{pmatrix} + & - & + \\ - & + & - \\ + & - & + \end{pmatrix}$$
>
> 의 + 자리에 있으면 더하고, − 자리에 있으면 뺀다. 즉
> $$\begin{vmatrix} a & b & c \\ d & e & f \\ g & h & i \end{vmatrix} = a\begin{vmatrix} e & f \\ h & i \end{vmatrix} - b\begin{vmatrix} d & f \\ g & i \end{vmatrix} + c\begin{vmatrix} d & e \\ g & h \end{vmatrix}$$

조언   행렬식을 계산할 때 행 또는 열은 가장 계산이 편리한 것으로 선택하면 된다. 더 큰 행렬의 행렬식도 같은 방법으로, 하나 작은 행렬의 행렬식으로 바꾸어 계산한다.

예제 1. 행렬 $\begin{pmatrix} 3 & 1 & 0 \\ -2 & -4 & 3 \\ 5 & 4 & -2 \end{pmatrix}$ 의 행렬식을 구하라.

풀이 행렬식을 구하는 행렬의 1행을 선택하자. 1행의 첫째 수 3, 둘째 수 1, 셋째 수 0이 속한 행과 열을 지운 행렬은 각각

$$\begin{pmatrix} -4 & 3 \\ 4 & -2 \end{pmatrix}, \qquad \begin{pmatrix} -2 & 3 \\ 5 & -2 \end{pmatrix}, \qquad \begin{pmatrix} -2 & -4 \\ 5 & 4 \end{pmatrix}$$

따라서 구하는 행렬식은

$$\begin{aligned} \begin{vmatrix} 3 & 1 & 0 \\ -2 & -4 & 3 \\ 5 & 4 & -2 \end{vmatrix} &= 3 \cdot \begin{vmatrix} -4 & 3 \\ 4 & -2 \end{vmatrix} - 1 \cdot \begin{vmatrix} -2 & 3 \\ 5 & -2 \end{vmatrix} + 0 \cdot \begin{vmatrix} -2 & -4 \\ 5 & 4 \end{vmatrix} \\ &= 3 \cdot ((-4) \cdot (-2) - 3 \cdot 4) - 1 \cdot ((-2) \cdot (-2) - 3 \cdot 5) \\ &\qquad\qquad + 0 \cdot ((-2) \cdot 4 - (-4) \cdot 5) \\ &= 3 \cdot (-4) - 1 \cdot (-11) + 0 = -1 \end{aligned}$$

* 계산의 편의를 위하여 0이 포함된 1행을 선택하여 행렬식을 구하였으나, 어떤 행이나 열을 선택하여 계산하여도 같은 값을 얻는다.

♣ 확인 문제

다음 행렬의 행렬식을 구하라.

1. $\begin{pmatrix} 1 & 2 & 3 \\ -4 & 5 & 6 \\ 7 & -8 & 9 \end{pmatrix}$
2. $\begin{pmatrix} 0 & 1 & 5 \\ 3 & -6 & 9 \\ 2 & 6 & 1 \end{pmatrix}$

5.1 연습문제

다음 행렬의 행렬식을 구하라.

1. $\begin{pmatrix} 4 & 4 \\ 2 & 3 \end{pmatrix}$

2. $\begin{pmatrix} 5 & -6 \\ 6 & 3 \end{pmatrix}$

3. $\begin{pmatrix} 1 & 2 & 4 \\ -3 & 3 & 5 \\ 7 & 0 & 6 \end{pmatrix}$

4. $\begin{pmatrix} -3 & 5 & 7 \\ 0 & 1 & 2 \\ -1 & 1 & 4 \end{pmatrix}$

5. $\begin{pmatrix} 2 & 4 & 6 \\ 0 & 0 & -1 \\ 2 & -1 & 5 \end{pmatrix}$

6. $\begin{pmatrix} -2 & 0 & 5 \\ 3 & -4 & 2 \\ 1 & 0 & 7 \end{pmatrix}$

7. $\begin{pmatrix} 3 & 3 & 2 \\ 2 & 0 & -1 \\ 1 & -3 & 4 \end{pmatrix}$

8. $\begin{pmatrix} 2 & 2 & 1 & 0 \\ -1 & 0 & 3 & 0 \\ 4 & 9 & 3 & 1 \\ 0 & -1 & 5 & 7 \end{pmatrix}$

9. $\begin{pmatrix} 2 & 0 & -1 & 3 \\ 1 & 3 & 5 & 7 \\ -3 & -3 & -4 & -10 \\ 5 & 1 & 0 & 6 \end{pmatrix}$

5.2. 역행렬의 계산

행의 수와 열의 수가 같은 행렬의 행렬식을 구하면 **역행렬**이 존재하는지 알 수 있고, 존재한다면 역행렬을 구할 수 있다. 행렬 A의 역행렬은 A^{-1}로 나타낸다.

행과 열이 2개인 행렬의 역행렬

역행렬이 존재할 조건

$$A\text{의 역행렬이 존재한다} \iff |A| \neq 0$$

행과 열이 2개인 행렬의 역행렬

$$\begin{pmatrix} a & b \\ c & d \end{pmatrix}^{-1} = \frac{1}{ad - bc} \begin{pmatrix} d & -b \\ -c & a \end{pmatrix}$$

조언 역행렬의 공식은 ↘ 방향에 있는 수는 자리를 바꾸고, ↗ 방향에 있는 수는 부호를 바꾼다고 기억하면 된다.

예제 1. 행렬 $\begin{pmatrix} 2 & 3 \\ -3 & -5 \end{pmatrix}$ 의 역행렬을 구하라.

풀이

$$\begin{pmatrix} 2 & 3 \\ -3 & -5 \end{pmatrix}^{-1} = \frac{1}{2 \cdot (-5) - 3 \cdot (-3)} \begin{pmatrix} -5 & -3 \\ 3 & 2 \end{pmatrix} = \begin{pmatrix} 5 & 3 \\ -3 & -2 \end{pmatrix}$$

♣ 확인 문제

다음 행렬의 역행렬을 구하라.

1. $\begin{pmatrix} 1 & -1 \\ -3 & 5 \end{pmatrix}$
2. $\begin{pmatrix} 1 & 4 \\ 2 & 3 \end{pmatrix}$

행과 열이 3개 이상인 행렬의 역행렬

1단계 역행렬을 구하려는 행렬의 행렬식을 계산한다.

2단계 1행과 1열, 1행과 2열, $\cdots$, 마지막 행과 마지막 열을 지운 행렬의 행렬식을 계산한다.

3단계 2단계에서 구한 1행과 1열, 1행과 2열, $\cdots$ 을 지운 행렬의 행렬식을 1행 1열, 1행 2열, $\cdots$ 에 쓰되

$$\begin{pmatrix} + & - & + & \cdots \\ - & + & - & \cdots \\ + & - & + & \cdots \\ \vdots & \vdots & \vdots & \ddots \end{pmatrix}$$

의 + 자리에 있으면 그대로 두고, − 자리에 있으면 −를 붙인다.

4단계 3단계에서 구한 행렬의 행과 열을 뒤집고 1단계에서 구한 행렬식으로 나눈다.

예제 2. 행렬 $\begin{pmatrix} 3 & 2 & -1 \\ 1 & 6 & 3 \\ 2 & -4 & 0 \end{pmatrix}$ 의 역행렬을 구하라.

$\boxed{1단계}$ 3열을 선택하여 행렬식을 계산하면

$$\begin{vmatrix} 3 & 2 & -1 \\ 1 & 6 & 3 \\ 2 & -4 & 0 \end{vmatrix} = (-1) \cdot \begin{vmatrix} 1 & 6 \\ 2 & -4 \end{vmatrix} - 3 \cdot \begin{vmatrix} 3 & 2 \\ 2 & -4 \end{vmatrix} + 0 \cdot \begin{vmatrix} 3 & 2 \\ 1 & 6 \end{vmatrix} = 64$$

$\boxed{2단계}$ 1행과 1열, 1행과 2열, 1행과 3열을 지운 행렬의 행렬식은 각각

$$\begin{vmatrix} 6 & 3 \\ -4 & 0 \end{vmatrix} = 12, \qquad \begin{vmatrix} 1 & 3 \\ 2 & 0 \end{vmatrix} = -6, \qquad \begin{vmatrix} 1 & 6 \\ 2 & -4 \end{vmatrix} = -16$$

같은 방법으로 2행과 1열, 2행과 2열, 2행과 3열을 지운 행렬의 행렬식은 각각

$$\begin{vmatrix} 2 & -1 \\ -4 & 0 \end{vmatrix} = -4, \qquad \begin{vmatrix} 3 & -1 \\ 2 & 0 \end{vmatrix} = 2, \qquad \begin{vmatrix} 3 & 2 \\ 2 & -4 \end{vmatrix} = -16$$

3행과 1열, 3행과 2열, 3행과 3열을 지운 행렬의 행렬식은 각각

$$\begin{vmatrix} 2 & -1 \\ 6 & 3 \end{vmatrix} = 12, \qquad \begin{vmatrix} 3 & -1 \\ 1 & 3 \end{vmatrix} = 10, \qquad \begin{vmatrix} 3 & 2 \\ 1 & 6 \end{vmatrix} = 16$$

3단계   1행과 1열, 1행과 2열, $\cdots$, 3행과 3열을 지운 행렬의 행렬식을 1행 1열, 1행 2열, $\cdots$, 3행 3열에 쓰되 위치에 따라 부호를 붙이면

$$\begin{pmatrix} + & 12 & -(-6) & +(-16) \\ -(-4) & + & 2 & -(-16) \\ + & 12 & - & 10 & + & 16 \end{pmatrix} = \begin{pmatrix} 12 & 6 & -16 \\ 4 & 2 & 16 \\ 12 & -10 & 16 \end{pmatrix}$$

4단계   3단계에서 구한 행렬의 행과 열을 뒤집고 1단계에서 구한 행렬식으로 나누면

$$\begin{pmatrix} 3 & 2 & -1 \\ 1 & 6 & 3 \\ 2 & -4 & 0 \end{pmatrix}^{-1} = \frac{1}{64} \begin{pmatrix} 12 & 4 & 12 \\ 6 & 2 & -10 \\ -16 & 16 & 16 \end{pmatrix} = \frac{1}{32} \begin{pmatrix} 6 & 2 & 6 \\ 3 & 1 & -5 \\ -8 & 8 & 8 \end{pmatrix}$$

♣ 확인 문제

다음 행렬의 역행렬을 구하라.

1. $\begin{pmatrix} -2 & 4 & 3 \\ 1 & 2 & 0 \\ 2 & -1 & -2 \end{pmatrix}$
2. $\begin{pmatrix} 2 & 0 & -3 \\ 0 & -3 & 2 \\ -1 & 0 & 2 \end{pmatrix}$

5.2 연습문제

다음 행렬의 역행렬을 구하라.

1. $\begin{pmatrix} 3 & 4 \\ 2 & 3 \end{pmatrix}$

2. $\begin{pmatrix} 6 & 3 \\ -5 & -2 \end{pmatrix}$

3. $\begin{pmatrix} 2 & 3 & 5 \\ 0 & 2 & 3 \\ 0 & 0 & 1 \end{pmatrix}$

4. $\begin{pmatrix} 3 & 0 & 0 \\ -2 & 1 & 0 \\ 4 & 3 & 2 \end{pmatrix}$

5. $\begin{pmatrix} 1 & 0 & 1 \\ 0 & 1 & 0 \\ 1 & 0 & -1 \end{pmatrix}$

6. $\begin{pmatrix} 2 & 1 & -1 \\ 0 & 6 & 4 \\ 0 & -2 & 2 \end{pmatrix}$

7. $\begin{pmatrix} 4 & 1 & -5 \\ -2 & 3 & 1 \\ 3 & -1 & 4 \end{pmatrix}$

8. $\begin{pmatrix} 2 & -2 & 1 & -1 \\ 1 & 4 & 2 & 2 \\ 1 & -3 & 6 & 9 \\ 1 & 3 & 2 & 2 \end{pmatrix}$

9. $\begin{pmatrix} -1 & 0 & 1 & 0 \\ 2 & 3 & -2 & 6 \\ 0 & -1 & 2 & 0 \\ 0 & 0 & 1 & 5 \end{pmatrix}$

5.3. 연립일차방정식의 해법

미지수의 개수와 방정식의 개수가 같은 연립일차방정식은 행렬식을 써서 풀 수 있다.

행렬식에 의한 연립일차방정식의 해법

예를 들어 미지수의 개수와 방정식의 개수가 3으로 같은 연립일차방정식

$$\begin{cases} ax + by + cz = p \\ dx + ey + fz = q \\ gx + hy + iz = r \end{cases}$$

의 해는

$$x = \frac{\begin{vmatrix} p & b & c \\ q & e & f \\ r & h & i \end{vmatrix}}{\begin{vmatrix} a & b & c \\ d & e & f \\ g & h & i \end{vmatrix}}, \qquad y = \frac{\begin{vmatrix} a & p & c \\ d & q & f \\ g & r & i \end{vmatrix}}{\begin{vmatrix} a & b & c \\ d & e & f \\ g & h & i \end{vmatrix}}, \qquad z = \frac{\begin{vmatrix} a & b & p \\ d & e & q \\ g & h & r \end{vmatrix}}{\begin{vmatrix} a & b & c \\ d & e & f \\ g & h & i \end{vmatrix}}$$

조언 1   여기에서 분모는 공통적으로 연립일차방정식의 계수로 이루어진 행렬의 행렬식이고, 분자는 각각 연립일차방정식의 계수로 이루어진 행렬의 1열, 2열, 3열을 상수항 p, q, r로 대체한 행렬의 행렬식이다.

조언 2   행렬식은 행과 열의 개수가 같은 행렬에 대해서만 구할 수 있으므로 미지수의 개수와 방정식의 개수가 다르면 이와 같은 방법으로 연립일차방정식을 풀 수 없다. 또, 당연한 말이지만 미지수의 개수와 방정식의 개수가 같아도 분모의 행렬식이 0이면 역시 이와 같은 방법으로 연립일차방정식을 풀 수 없다.

조언 3   행렬식에 의한 풀이는 특히 계수가 문자로 된 연립일차방정식의 해를 구할 때 유용하게 쓰일 수 있다.

예제 1. 행렬식을 써서 연립일차방정식

$$\begin{cases} x + 2z &= 6 \\ -3x + 4y + 6z &= 30 \\ -x - 2y + 3z &= 8 \end{cases}$$

을 풀라.

풀이   연립일차방정식의 계수로 이루어진 행렬의 행렬식은

$$\begin{vmatrix} 1 & 0 & 2 \\ -3 & 4 & 6 \\ -1 & -2 & 3 \end{vmatrix} = 1 \cdot \begin{vmatrix} 4 & 6 \\ -2 & 3 \end{vmatrix} + 0 \cdot \begin{vmatrix} -3 & 6 \\ -1 & 3 \end{vmatrix} + 2 \cdot \begin{vmatrix} -3 & 4 \\ -1 & -2 \end{vmatrix} = 44$$

이 행렬의 1, 2, 3열을 각각 6, 30, 8로 대체한 행렬의 행렬식은

$$\begin{vmatrix} 6 & 0 & 2 \\ 30 & 4 & 6 \\ 8 & -2 & 3 \end{vmatrix} = 6 \cdot \begin{vmatrix} 4 & 6 \\ -2 & 3 \end{vmatrix} + 0 \cdot \begin{vmatrix} 30 & 6 \\ 8 & 3 \end{vmatrix} + 2 \cdot \begin{vmatrix} 30 & 4 \\ 8 & -2 \end{vmatrix} = -40$$

$$\begin{vmatrix} 1 & 6 & 2 \\ -3 & 30 & 6 \\ -1 & 8 & 3 \end{vmatrix} = 1 \cdot \begin{vmatrix} 30 & 6 \\ 8 & 3 \end{vmatrix} - 6 \cdot \begin{vmatrix} -3 & 6 \\ -1 & 3 \end{vmatrix} + 2 \cdot \begin{vmatrix} -3 & 30 \\ -1 & 8 \end{vmatrix} = 72$$

$$\begin{vmatrix} 1 & 0 & 6 \\ -3 & 4 & 30 \\ -1 & -2 & 8 \end{vmatrix} = 1 \cdot \begin{vmatrix} 4 & 30 \\ -2 & 8 \end{vmatrix} + 0 \cdot \begin{vmatrix} -3 & 30 \\ -1 & 8 \end{vmatrix} + 6 \cdot \begin{vmatrix} -3 & 4 \\ -1 & -2 \end{vmatrix} = 152$$

따라서 $x = \dfrac{-40}{44} = -\dfrac{10}{11}$, $y = \dfrac{72}{44} = \dfrac{18}{11}$, $z = \dfrac{152}{44} = \dfrac{38}{11}$

♣ 확인 문제

행렬식을 써서 다음 연립일차방정식을 풀라.

1. $\begin{cases} 3y + 5z &= 7 \\ 6x + 2y + 4z &= 10 \\ -x + 4y - 3z &= 0 \end{cases}$ 2. $\begin{cases} x - 2y - 3z &= -4 \\ 4x - y + 2z &= 8 \\ -2x + 2y - 3z &= -3 \end{cases}$

예제 2. 국민소득 Y, 소비 C, 투자 I, 정부지출 G가 방정식

$$\begin{cases} Y &=& C + I + G \\ C &=& a + bY \end{cases} \quad \text{(단, } a, b \text{는 상수)}$$

를 만족할 때, 행렬식을 써서 Y, C를 a, b, I, G의 식으로 나타내라.

풀이   미지수가 Y, C인 연립일차방정식이므로 이항하면

$$\begin{cases} Y - C &=& I + G \\ -bY + C &=& a \end{cases}$$

연립일차방정식의 계수로 이루어진 행렬의 행렬식은

$$\begin{vmatrix} 1 & -1 \\ -b & 1 \end{vmatrix} = 1 - b$$

이 행렬의 1, 2열을 각각 $I + G$, a로 대체한 행렬의 행렬식은

$$\begin{vmatrix} I+G & -1 \\ a & 1 \end{vmatrix} = I + G + a, \qquad \begin{vmatrix} 1 & I+G \\ -b & a \end{vmatrix} = a + b(I+G)$$

따라서

$$Y = \frac{I + G + a}{1 - b}, \qquad C = \frac{a + b(I+G)}{1 - b}$$

♣ 확인 문제

1. 어떤 재화의 가격 p, 수요량 q_d, 공급량 q_s가 방정식

$$\begin{cases} q_d &=& a - bp \\ q_s &=& -c + dp \quad \text{(단, } a, b, c, d \text{는 양의 상수)} \\ q_d &=& q_s \end{cases}$$

를 만족할 때, 행렬식을 써서 p, q_d, q_s를 a, b, c, d의 식으로 나타내라.

5.3   연습문제

행렬식을 써서 다음 연립일차방정식을 풀라.

1. $\begin{cases} 5x + y & = & 3 \\ 2x - y & = & 4 \end{cases}$

2. $\begin{cases} x - 3y + z & = & 2 \\ 2x - y & = & 2 \\ 4x - 3z & = & 1 \end{cases}$

3. $\begin{cases} 2x - 3y & = & 2 \\ 4x - 6y + z & = & 7 \\ x + 10y & = & 1 \end{cases}$

4. $\begin{cases} 4x + 5y & = & 2 \\ 11x + y + 2z & = & 3 \\ x + 5y + 2z & = & 1 \end{cases}$

5. $\begin{cases} 5x - 6z & = & 0 \\ 2x + 9y & = & -6 \\ 4x + 2y - 3z & = & 5 \end{cases}$

6. $\begin{cases} 2x + y & = & 4 \\ 6x + 2y + 6z & = & 20 \\ -4x - 3y + 9z & = & 3 \end{cases}$

다음에 답하라.

7. 국민소득 Y, 소비 C, 투자 I, 정부지출 G, 조세 T가 방정식

$$\begin{cases} Y & = & C + I + G \\ C & = & a + b(Y - T) \quad \text{(단, } a, b, c, d \text{는 상수)} \\ T & = & c + dY \end{cases}$$

를 만족할 때, 행렬식을 써서 Y, C, T를 a, b, c, d, I, G의 식으로 나타내라.

고유값과 고유벡터

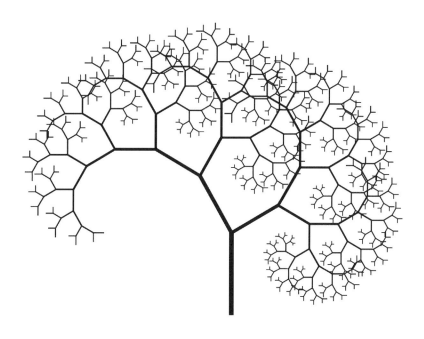

6.1. 고유값과 고유벡터

행과 열의 개수가 같은 행렬은 행렬식을 계산하여 **고유값**을, 연립일차방정식을 풀어 **고유벡터**를 구할 수 있다.

고유값과 고유벡터

고유값　행과 열의 개수가 같은 행렬

$$\begin{pmatrix} * & * & \cdots & * \\ * & * & \cdots & * \\ \vdots & \vdots & \ddots & \vdots \\ * & * & \cdots & * \end{pmatrix}$$

이 있을 때, 이 행렬의 고유값을 구하려면 1행 1열, 2행 2열, $\cdots$ 에서 λ를 뺀 행렬의 행렬식

$$\begin{vmatrix} * - \lambda & * & \cdots & * \\ * & * - \lambda & \cdots & * \\ \vdots & \vdots & \ddots & \vdots \\ * & * & \cdots & * - \lambda \end{vmatrix}$$

이 0이 되는 λ를 구한다.

고유벡터　이 행렬의 고유값이 $\lambda_1, \lambda_2, \cdots, \lambda_k$ 일 때, $i = 1, 2, \cdots, k$ 에 대하여 연립일차방정식

$$\begin{pmatrix} * - \lambda_i & * & \cdots & * \\ * & * - \lambda_i & \cdots & * \\ \vdots & \vdots & \ddots & \vdots \\ * & * & \cdots & * - \lambda_i \end{pmatrix} \begin{pmatrix} x_1 \\ x_2 \\ \vdots \\ x_n \end{pmatrix} = \begin{pmatrix} 0 \\ 0 \\ \vdots \\ 0 \end{pmatrix}$$

을 만족하는 $x_1 = x_2 = \cdots = x_n = 0$은 아닌 벡터 $(x_1, x_2, \cdots, x_n)$을 구한다.

조언　고유값과 고유벡터를 구하는 문제에서는 고유값을 먼저 구하고, 구한 고유값마다 연립일차방정식을 풀어 고유벡터를 구한다. 고유벡터를 구할 때, 연립일차방정식은 중·고등학교에서 공부한 방법으로 푼다.

예제 1. 다음 행렬의 고유값과 고유벡터를 구하라.

$$(1) \begin{pmatrix} 3 & 0 \\ 8 & -1 \end{pmatrix} \qquad\qquad (2) \begin{pmatrix} 0 & 0 & -2 \\ 1 & 2 & 1 \\ 1 & 0 & 3 \end{pmatrix}$$

$\boxed{풀이}$ (1) 1행 1열, 2행 2열에서 λ를 뺀 행렬의 행렬식은

$$\begin{vmatrix} 3-\lambda & 0 \\ 8 & -1-\lambda \end{vmatrix} = (3-\lambda)(-1-\lambda) - 0 \cdot 8 = (\lambda-3)(\lambda+1)$$

따라서 고유값은 $-1, 3$

$\lambda = -1$일 때

$$\begin{pmatrix} 4 & 0 \\ 8 & 0 \end{pmatrix}\begin{pmatrix} x \\ y \end{pmatrix} = \begin{pmatrix} 0 \\ 0 \end{pmatrix} \iff \begin{cases} 4x + 0 \cdot y &=& 0 \\ 8x + 0 \cdot y &=& 0 \end{cases} \iff x = 0$$

따라서 고유벡터는 0이 아닌 실수 y에 대하여 벡터 $(0, y)$, 또는 간단히 $y = 1$을 대입한 벡터 $(0, 1)$

$\lambda = 3$일 때

$$\begin{pmatrix} 0 & 0 \\ 8 & -4 \end{pmatrix}\begin{pmatrix} x \\ y \end{pmatrix} = \begin{pmatrix} 0 \\ 0 \end{pmatrix} \iff \begin{cases} 0 \cdot x + 0 \cdot y &=& 0 \\ 8x - 4y &=& 0 \end{cases} \iff x = 2y$$

따라서 고유벡터는 0이 아닌 실수 y에 대하여 벡터 $(2y, y)$, 또는 간단히 $y = 1$을 대입한 벡터 $(2, 1)$

(2) 1행 1열, 2행 2열, 3행 3열에서 λ를 뺀 행렬의 행렬식은

$$\begin{vmatrix} -\lambda & 0 & -2 \\ 1 & 2-\lambda & 1 \\ 1 & 0 & 3-\lambda \end{vmatrix} = -\lambda \cdot \begin{vmatrix} 2-\lambda & 1 \\ 0 & 3-\lambda \end{vmatrix} + 0 \cdot \begin{vmatrix} 1 & 1 \\ 1 & 3-\lambda \end{vmatrix} + (-2) \cdot \begin{vmatrix} 1 & 2-\lambda \\ 1 & 0 \end{vmatrix}$$

$$= -\lambda(2-\lambda)(3-\lambda) - 2(\lambda-2) = -(\lambda-1)(\lambda-2)^2$$

따라서 고유값은 $\lambda = 1, 2$

$\lambda = 1$일 때

$$\begin{pmatrix} -1 & 0 & -2 \\ 1 & 1 & 1 \\ 1 & 0 & 2 \end{pmatrix} \begin{pmatrix} x \\ y \\ z \end{pmatrix} = \begin{pmatrix} 0 \\ 0 \\ 0 \end{pmatrix} \iff \begin{cases} -x - 2z &=& 0 \\ x + y + z &=& 0 \\ x + 2z &=& 0 \end{cases} \iff \begin{cases} x &=& -2z \\ y &=& z \end{cases}$$

따라서 고유벡터는 0이 아닌 실수 z에 대하여 벡터 $(-2z, z, z)$, 또는 간단히 $z = 1$을 대입한 벡터 $(-2, 1, 1)$

$\lambda = 2$일 때

$$\begin{pmatrix} -2 & 0 & -2 \\ 1 & 0 & 1 \\ 1 & 0 & 1 \end{pmatrix} \begin{pmatrix} x \\ y \\ z \end{pmatrix} = \begin{pmatrix} 0 \\ 0 \\ 0 \end{pmatrix} \iff \begin{cases} -2x - 2z &=& 0 \\ x + z &=& 0 \\ x + z &=& 0 \end{cases} \iff x = -z$$

따라서 고유벡터는 동시에 0이 아닌 실수 y, z에 대하여 벡터 $(-z, y, z)$, 또는 간단히 $y = 1, z = 0$을 대입한 벡터 $(0, 1, 0)$과 $y = 0, z = 1$을 대입한 벡터 $(-1, 0, 1)$

* 위에서 볼 수 있듯이 고유벡터는 하나로 떨어지지 않는다. 편의상 여기에 적당한 값을 대입한 벡터를 고유벡터라고도 한다. 연습문제 정답은 이에 따랐다. 구한 고유벡터에 적당한 값을 대입하여 정답으로 제시된 고유벡터를 얻을 수 있으면 옳게 구했다고 생각하면 된다.

♣ 확인 문제

다음 행렬의 고유값과 고유벡터를 구하라.

1. $\begin{pmatrix} 5 & 1 & 3 \\ 0 & -1 & 0 \\ 0 & 1 & 2 \end{pmatrix}$
2. $\begin{pmatrix} 0 & 6 & 12 \\ 0 & 3 & 10 \\ 0 & 0 & -2 \end{pmatrix}$

6.1 연습문제

다음 행렬의 고유값과 고유벡터를 구하라.

1. $\begin{pmatrix} 3 & 2 \\ 4 & 1 \end{pmatrix}$

2. $\begin{pmatrix} 2 & -1 \\ 10 & 9 \end{pmatrix}$

3. $\begin{pmatrix} 2 & 3 & 1 \\ 1 & 4 & 5 \\ 2 & 6 & 1 \end{pmatrix}$

4. $\begin{pmatrix} 5 & 0 & 1 \\ 1 & 1 & 0 \\ -7 & 1 & 0 \end{pmatrix}$

5. $\begin{pmatrix} 5 & 6 & 2 \\ 0 & -1 & -8 \\ 1 & 0 & -2 \end{pmatrix}$

6. $\begin{pmatrix} 1 & 3 & 3 \\ -3 & -5 & -3 \\ 3 & 3 & 1 \end{pmatrix}$

7. $\begin{pmatrix} -1 & -2 & -2 \\ 1 & 2 & 1 \\ -1 & -1 & 0 \end{pmatrix}$

8. $\begin{pmatrix} 0 & 0 & 2 & 0 \\ 1 & 0 & 1 & 0 \\ 0 & 1 & -2 & 0 \\ 0 & 0 & 0 & 1 \end{pmatrix}$

9. $\begin{pmatrix} 2 & 0 & 0 & 0 \\ 0 & 1 & -1 & -1 \\ 0 & -1 & 1 & -1 \\ 0 & -1 & -1 & 1 \end{pmatrix}$

6.2. 대칭행렬의 부호

어떤 행렬의 행과 열을 뒤집은 행렬이 원래 행렬과 같으면 **대칭행렬**이라 한다. 대칭
행렬은 일반적인 행렬과 달리 실수처럼 부호를 따질 수 있다.

고유값에 의한 대칭행렬의 부호판정법

어떤 대칭행렬의 고유값이

$$모두\ 양수(0\ 이상) \quad \Longleftrightarrow \quad (준)양부호행렬$$
$$모두\ 음수(0\ 이하) \quad \Longleftrightarrow \quad (준)음부호행렬$$
$$양수와\ 음수가\ 섞여\ 있음 \quad \Longleftrightarrow \quad 부정부호행렬$$

예제 1. 행렬 $\begin{pmatrix} 2 & -1 & 3 \\ -1 & 1 & 0 \\ 3 & 0 & 1 \end{pmatrix}$ 의 부호를 판정하라.

풀이

$$\begin{vmatrix} 2-\lambda & -1 & 3 \\ -1 & 1-\lambda & 0 \\ 3 & 0 & 1-\lambda \end{vmatrix} = 3 \cdot \begin{vmatrix} -1 & 3 \\ 1-\lambda & 0 \end{vmatrix} + 0 \cdot \begin{vmatrix} 2-\lambda & 3 \\ -1 & 0 \end{vmatrix} + (1-\lambda) \begin{vmatrix} 2-\lambda & -1 \\ -1 & 1-\lambda \end{vmatrix}$$

$$= -(\lambda-1)(\lambda^2 - 3\lambda - 8)$$

고유값이 1, $\dfrac{3 \pm \sqrt{41}}{2}$ 으로 양수와 음수가 섞여 있으므로 부정부호행렬

♣ 확인 문제

다음 대칭행렬의 부호를 판정하라.

1. $\begin{pmatrix} 1 & 1 \\ 1 & 1 \end{pmatrix}$

2. $\begin{pmatrix} -2 & 2 & 1 \\ 2 & -2 & -1 \\ 1 & -1 & -5 \end{pmatrix}$

3. $\begin{pmatrix} 1 & -1 \\ -1 & 1 \end{pmatrix}$

4. $\begin{pmatrix} -4 & 2 & 0 \\ 2 & -3 & 0 \\ 0 & 0 & 0 \end{pmatrix}$

양부호행렬이나 음부호행렬은 고유값을 구하지 않고 행렬식을 계산하여 그 부호를 판정할 수도 있다. 준양부호행렬과 준음부호행렬도 행렬식으로 그 부호를 판정하는 방법이 있으나 매우 복잡하므로 생략한다.

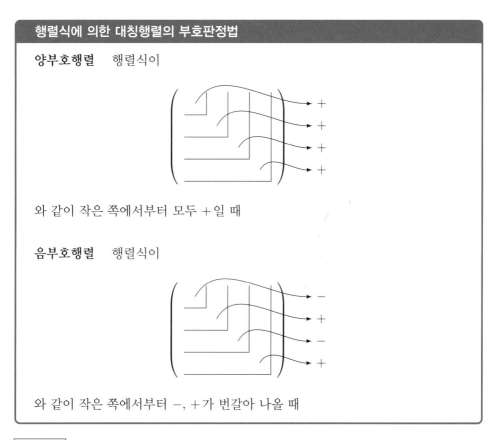

행렬식에 의한 대칭행렬의 부호판정법

양부호행렬 행렬식이

와 같이 작은 쪽에서부터 모두 + 일 때

음부호행렬 행렬식이

와 같이 작은 쪽에서부터 −, + 가 번갈아 나올 때

조언 1 행렬식에 의한 판정법에서 가장 작은 쪽의 행렬은 수 하나로 이루어져 있다. 이 행렬의 행렬식은 바로 그 수 자신으로 이해한다.

조언 2 행렬식을 계산하는 도중이라도 위 두 가지에 해당하지 않음을 알 수 있는 경우(예를 들어 작은 쪽에서부터 행렬식의 부호가 +, − 일 때), 행렬식에 의한 판정법을 쓸 수 없으므로 즉각 행렬식의 계산을 중단하고 고유값을 구하여 부호를 판정하여야 한다.

조언 3 사전에 부호를 판정하려는 대칭행렬이 양부호행렬이나 음부호행렬인지 알아내어 행렬식에 의한 판정법을 쓸 것인가를 결정하는 방법은 없다. 다만, 행렬식의 계산이 고유값의 계산보다 대체로 간단하므로 행렬식을 먼저 계산하는 쪽의 위험 부담이 작은 편이다.

예제 2. 다음 행렬의 부호를 판정하라.

$$(1) \begin{pmatrix} 2 & -1 & -3 \\ -1 & 2 & 4 \\ -3 & 4 & 9 \end{pmatrix} \qquad\qquad (2) \begin{pmatrix} -1 & 1 & 0 \\ 1 & -6 & 2 \\ 0 & 2 & -3 \end{pmatrix}$$

풀이   (1) 행렬식이

$$|2| = 2, \qquad \begin{vmatrix} 2 & -1 \\ -1 & 2 \end{vmatrix} = 3, \qquad \begin{vmatrix} 2 & -1 & -3 \\ -1 & 2 & 4 \\ -3 & 4 & 9 \end{vmatrix} = 1$$

로 작은 쪽에서부터 모두 +이므로 양부호행렬

(2) 행렬식이

$$|-1| = -1, \qquad \begin{vmatrix} -1 & 1 \\ 1 & -6 \end{vmatrix} = 5, \qquad \begin{vmatrix} -1 & 1 & 0 \\ 1 & -6 & 2 \\ 0 & 2 & -3 \end{vmatrix} = -11$$

로 작은 쪽에서부터 $-$, $+$가 번갈아 나오므로 음부호행렬

♣ 확인 문제

다음 대칭행렬의 부호를 판정하라.

1. $\begin{pmatrix} 2 & 0 \\ 0 & 3 \end{pmatrix}$

2. $\begin{pmatrix} -4 & -1 & 0 \\ 2 & -1 & 0 \\ 0 & 0 & -1 \end{pmatrix}$

3. $\begin{pmatrix} -3 & 2 \\ 2 & -3 \end{pmatrix}$

4. $\begin{pmatrix} 5 & -4 & 0 \\ -4 & 5 & 0 \\ 0 & 0 & 3 \end{pmatrix}$

6.2 연습문제

다음 대칭행렬의 부호를 판정하라.

1. $\begin{pmatrix} 5 & 2 \\ 2 & 5 \end{pmatrix}$

2. $\begin{pmatrix} -2 & 1 \\ 1 & -1 \end{pmatrix}$

3. $\begin{pmatrix} 1 & -2 \\ -2 & 4 \end{pmatrix}$

4. $\begin{pmatrix} 2 & -2 \\ -2 & 0 \end{pmatrix}$

5. $\begin{pmatrix} 1 & 2 & 0 \\ 2 & 5 & 0 \\ 0 & 0 & 3 \end{pmatrix}$

6. $\begin{pmatrix} 2 & 0 & 1 \\ 0 & 2 & 1 \\ 1 & 1 & 6 \end{pmatrix}$

7. $\begin{pmatrix} 4 & 1 & 1 \\ 1 & 8 & 0 \\ 1 & 0 & 2 \end{pmatrix}$

8. $\begin{pmatrix} 2 & -3 & 0 \\ -3 & 6 & 4 \\ 0 & 4 & 12 \end{pmatrix}$

9. $\begin{pmatrix} -1 & 1 & 0 \\ 1 & -6 & 2 \\ 0 & 2 & -3 \end{pmatrix}$

10. $\begin{pmatrix} 3 & -1 & 2 \\ -1 & 5 & -1 \\ 2 & -1 & 4 \end{pmatrix}$

CHAPTER 7

다변수함수의 미분법

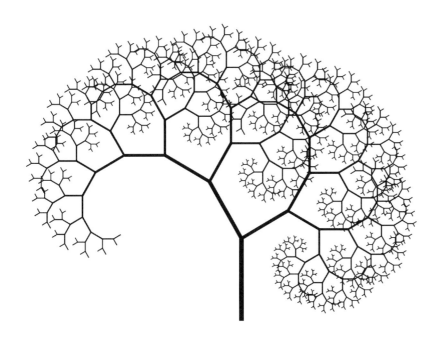

7.1. 편미분

변수가 여러 개인 함수에서 어느 한 변수를 제외한 나머지 변수를 상수로 취급하고 그 변수로 미분한 함수를 **편도함수**라 한다. 예를 들어 변수가 x, y인 함수 $f(x, y)$의 편도함수는

$$f_x \quad = \quad (y\text{를 상수로 취급하고 } f(x, y)\text{를 } x\text{로 미분한 함수})$$
$$f_y \quad = \quad (x\text{를 상수로 취급하고 } f(x, y)\text{를 } y\text{로 미분한 함수})$$

이다. 편도함수를 구하는 것을 편미분한다고 한다.

예제 1. 함수 $f(x, y, z) = e^{xy} \ln z$를 편미분하라.

보기 풀이 y, z를 상수로 취급하고 x로 미분하면

$$f_x = y e^{xy} \ln z$$

z, x를 상수로 취급하고 y로 미분하면

$$f_y = x e^{xy} \ln z$$

x, y를 상수로 취급하고 z로 미분하면

$$f_z = e^{xy} \cdot \frac{1}{z} = \frac{e^{xy}}{z}$$

♣ 확인 문제

다음 함수를 편미분하라.

1. $f(x, y) = 4 - x^2 - 2y^2$

2. $f(x, y) = \sqrt{x} \ln y$

3. $f(x, y, z) = \dfrac{y}{x + y + z}$

4. $f(x, y, z) = \ln(x + 2y + 3z)$

편도함수를 다시 편미분한 함수를 **이계편도함수**라 한다. 예를 들어 함수 $f(x,y)$의 이계편도함수는

$$
\begin{aligned}
f_{xx} &= (f_x \text{를 } x \text{로 편미분한 함수}) \\
f_{xy} &= (f_x \text{를 } y \text{로 편미분한 함수}) \\
f_{yx} &= (f_y \text{를 } x \text{로 편미분한 함수}) \\
f_{yy} &= (f_y \text{를 } y \text{로 편미분한 함수})
\end{aligned}
$$

이다. 대부분의 경우 편미분의 순서는 중요하지 않다. 예를 들어 x로 편미분한 다음 y로 편미분하나, y로 편미분한 다음 x로 편미분하나 그 결과는 같다. 즉, $f_{xy} = f_{yx}$이다. 따라서 편미분의 순서만 다른 이계편도함수는 어느 하나만 계산하면 된다.

예제 2. 함수 $f(x,y) = x^3 + x^2y^3 - 2y^2$의 이계편도함수를 구하라.

보기 편도함수는

$$
f_x = 3x^2 + 2xy^3, \qquad f_y = 3x^2y^2 - 4y
$$

각각 다시 x, y로 편미분하면

$$
f_{xx} = 6x + 2y^3, \qquad f_{xy} = 6xy^2, \qquad f_{yy} = 6x^2y - 4
$$

♣ 확인 문제

다음 함수의 이계편도함수를 구하라.

1. $f(x,y) = x^3y^5 + 2x^4y$

2. $f(x,y) = \dfrac{xy}{x-y}$

3. $f(x,y) = \sqrt{x^2 + y^2}$

4. $f(x,y) = e^{xe^y}$

예제 3. 재화 1, 2를 각각 x개, y개 소비할 때 얻는 효용이 $u(x, y) = \sqrt{xy}$일 때, 재화 1, 2의 한계효용함수 u_x, u_y와 한계대체율 $\dfrac{u_x}{u_y}$를 구하라.

풀이   재화 1, 2의 한계효용함수는 각각

$$u_x = \frac{\sqrt{y}}{2\sqrt{x}}, \qquad u_y = \frac{\sqrt{x}}{2\sqrt{y}}$$

한계대체율은

$$\frac{u_x}{u_y} = \frac{\frac{\sqrt{y}}{2\sqrt{x}}}{\frac{\sqrt{x}}{2\sqrt{y}}} = \frac{y}{x}$$

♣ 확인 문제

1. 노동자 L명과 기계 K대로 생산할 수 있는 제품의 개수가

$$f(L, K) = 400L^2K^2 - L^3K^3$$

일 때, 노동, 자본의 한계생산함수 f_L, f_K와 한계기술대체율 $\dfrac{f_L}{f_K}$을 구하라.

7.1 연습문제

다음 함수를 편미분하라.

1. $f(x,y) = y^5 - 3xy$

2. $f(x,y) = 5x^4 y^2 - 2xy^5$

3. $f(x,y) = (x^2 y - y^3)^5$

4. $f(x,y) = \dfrac{x+y}{x-y}$

5. $f(x,y) = \dfrac{x}{(x+y)^2}$

6. $f(x,y) = \ln \dfrac{x^2 - y^2}{x^2 + y^2}$

7. $f(x,y,z) = xz - 5x^2 y^3 z^4$

8. $f(x,y,z) = ze^{xyz}$

다음 함수의 이계편도함수를 구하라.

9. $f(x,y) = x^3 - 12xy + 8y^3$

10. $f(x,y) = xy(1 - x - y)$

11. $f(x,y) = (x-y)(1-xy)$

12. $f(x,y) = \ln(x + 2y)$

13. $f(x,y,z) = e^{xyz^2}$

다음에 답하라.

14. 노동자 L 명과 기계 K 대로 생산할 수 있는 제품의 개수가

$$f(L,K) = (\alpha L^{-\rho} + \beta K^{-\rho})^{1/\rho}$$

일 때, 한계기술대체율 $\dfrac{f_L}{f_K}$ 을 구하라.

7.2. 음함수 정리

변수가 만족하는 방정식이 있을 때, 특정한 변수를 나머지 변수의 함수로 볼 수 있는지 확인하고 가능하다면 도함수나 편도함수를 구하는 방법이 **음함수** 정리이다.

먼저 간단한 경우로 변수 n개가 만족하는 방정식이 한 개라 하자. 음함수 정리를 쓰면 어떤 특정한 변수 하나를 나머지 $n-1$개의 변수의 함수로 볼 수 있는지 확인할 수 있고, 가능하다면 도함수나 편도함수를 구할 수 있다.

방정식이 한 개인 경우의 음함수 정리

1단계 예를 들어 변수가 $x,\,y,\,z$일 때, $x,\,y,\,z$가 만족하는 방정식을

$$(\text{좌변}) = 0$$

의 꼴로 정리하고 좌변을 $f(x,y,z)$라 한다.

2단계 방정식을 만족하는 점 (x_0, y_0, z_0) 근방에서 z를 $x,\,y$의 함수로 볼 수 있음을 보이려면 (x_0, y_0, z_0)에서

$$f_z \neq 0$$

임을 보인다. x를 $y,\,z$의 함수로 볼 수 있음을 보이려면 $f_x \neq 0$을, y를 $x,\,z$의 함수로 볼 수 있음을 보이려면 $f_y \neq 0$을 보이면 된다.

3단계 z를 $x,\,y$의 함수로 볼 수 있을 때

$$z_x = -\frac{f_x}{f_z}, \qquad z_y = -\frac{f_y}{f_z}$$

조언 1   어떤 변수로 편미분한 값이 0이 아니면 그 변수를 나머지 변수의 함수로 볼 수 있다고 기억하면 된다.

조언 2   미분법 공식은 나머지 변수의 함수로 보는 변수로 $f(x,y,z)$를 편미분한 함수가 분모에, 편미분하는 변수로 $f(x,y,z)$를 편미분한 함수가 분자에 온다고 기억하면 된다.

예제 1. 변수 x, y, z가 방정식

$$x^3 + y^3 + z^3 + 6xyz = 9$$

를 만족할 때, 점 $(1, 1, 1)$ 근방에서 z를 x, y의 함수로 볼 수 있음을 보이고 z_x, z_y를 구하라.

$\boxed{1\text{단계}}$

$$f(x, y, z) = x^3 + y^3 + z^3 + 6xyz - 9$$

라 한다.

$\boxed{2\text{단계}}$ $f(x, y, z)$를 z로 편미분한 함수는

$$f_z = 3z^2 + 6xy$$

점 $(1, 1, 1)$에서 함수값이 $9 \neq 0$이므로 이 점 근방에서 z를 x, y의 함수로 볼 수 있다.

$\boxed{3\text{단계}}$

$$
\begin{aligned}
z_x &= -\frac{f_x}{f_z} = -\frac{3x^2 + 6yz}{3z^2 + 6xy} = -\frac{x^2 + 2yz}{z^2 + 2xy} \\
z_y &= -\frac{f_y}{f_z} = -\frac{3y^2 + 6xz}{3z^2 + 6xy} = -\frac{y^2 + 2xz}{z^2 + 2xy}
\end{aligned}
$$

♣ 확인 문제

다음 변수가 다음 방정식을 만족할 때, 다음 점 근방에서 음함수 정리가 적용됨을 보이고 다음을 구하라.

1. x, y $2x^3 - xy + y^3 = 2$ $(1, 1)$ $x'(y)$

2. x, y $xy + \dfrac{1}{x} - 2y - 1 = 0$ $(1, 0)$ $y'(x)$

3. x, y, z $xz + y - z^2 = 0$ $(1, 0, 0)$ $z_x(x, y)$, $z_y(x, y)$

4. x, y, z $ze^x - e^y = 0$ 임의의 점 $z_x(x, y)$, $z_y(x, y)$

일반적으로 변수 n개가 만족하는 방정식이 m개라 하자. 음함수 정리를 쓰면 어떤 특정한 m개의 변수를 나머지 $n-m$개의 변수로 볼 수 있는지 확인할 수 있고, 가능하다면 도함수나 편도함수를 구할 수 있다.

방정식이 여러 개인 경우의 음함수 정리

1단계 예를 들어 변수가 x, y, z, w이고 만족하는 방정식이 두 개일 때, 이를

$$(\text{좌변}) = 0, \qquad (\text{좌변}) = 0$$

의 꼴로 정리하고 좌변을 각각 $f(x,y,z,w)$, $g(x,y,z,w)$라 한다.

2단계 방정식을 만족하는 점 (x_0, y_0, z_0, w_0) 근방에서 y, w를 x, z의 함수로 볼 수 있음을 보이려면 (x_0, y_0, z_0, w_0)에서

$$\begin{vmatrix} f_y & f_w \\ g_y & g_w \end{vmatrix} \neq 0$$

임을 보인다. 즉, 나머지 변수의 함수로 보려는 변수 y, w로 $f(x,y,z,w)$, $g(x,y,z,w)$를 편미분한 함수의 행렬식이 0이 아님을 보인다.

3단계 y, w를 x, z의 함수로 볼 수 있을 때

$$y_x = -\frac{\begin{vmatrix} f_x & f_w \\ g_x & g_w \end{vmatrix}}{\begin{vmatrix} f_y & f_w \\ g_y & g_w \end{vmatrix}}, \qquad w_z = -\frac{\begin{vmatrix} f_y & f_z \\ g_y & g_z \end{vmatrix}}{\begin{vmatrix} f_y & f_w \\ g_y & g_w \end{vmatrix}}$$

조언 1   방정식이 여러 개인 경우에도 0이 아닌 행렬식을 만드는 데 쓰인 변수를 나머지 변수의 함수로 볼 수 있다고 기억하면 된다.

조언 2   미분법 공식의 분모는 2단계의 0이 아닌 행렬식이다. 분자는, 예를 들어 위 y_x의 경우 분모의 y로 편미분한 열을 x로 편미분한 열로, w_z의 경우 분모의 w로 편미분한 열을 z로 편미분한 열로 대체한 것이라고 기억하면 된다.

예제 2. 변수 x, y, z, w가 방정식

$$x^2 - y^2 + zw - w^2 + 3 = 0, \qquad x^2 + y^2 + z^2 + zw - 2 = 0$$

을 만족할 때, 점 $(2, 1, -1, 2)$ 근방에서 z, w를 x, y의 함수로 볼 수 있음을 보이고 z_x를 구하라.

1단계

$$f(x, y, z, w) = x^2 - y^2 + zw - w^2 + 3, \qquad g(x, y, z, w) = x^2 + y^2 + z^2 + zw - 2$$

라 한다.

2단계 $f(x, y, z, w)$, $g(x, y, z, w)$를 z, w로 편미분한 함수의 행렬식은

$$\begin{vmatrix} f_z & f_w \\ g_z & g_w \end{vmatrix} = \begin{vmatrix} w & z - 2w \\ 2z + w & z \end{vmatrix}$$

점 $(2, 1, -1, 2)$에서 이 행렬식이 $\begin{vmatrix} 2 & -5 \\ 0 & -1 \end{vmatrix} = -2 \neq 0$이므로 이 점 근방에서 z, w를 x, y의 함수로 볼 수 있다.

3단계 z, w를 x, y의 함수로 볼 때, z_x의 분모는 $f(x, y, z, w)$, $g(x, y, z, w)$를 z, w로 편미분한 함수의 행렬식이고, 분자는 분모에서 z로 편미분한 열을 x로 편미분한 열로 대체한 것이므로

$$z_x = -\frac{\begin{vmatrix} f_x & f_w \\ g_x & g_w \end{vmatrix}}{\begin{vmatrix} f_z & f_w \\ g_z & g_w \end{vmatrix}} = -\frac{\begin{vmatrix} 2x & z - 2w \\ 2x & z \end{vmatrix}}{\begin{vmatrix} w & z - 2w \\ 2z + w & z \end{vmatrix}} = \frac{2xw}{z^2 - 2zw - w^2}$$

♣ 확인 문제

1. 변수 x, y, z, w가 방정식 $x^3 + y^3 z = 1$, $xy = w$를 만족할 때, 점 $(0, 1, 1, 0)$ 근방에서 x, y를 z, w의 함수로 볼 수 있음을 보이고 x_w를 구하라.

예제 3. 국민소득 Y, 이자율 r, 통화량 M, 정부지출 G가 방정식

$$Y = C(Y) + I(r) + G, \qquad M = L(Y, r)$$

을 만족할 때, 음함수 정리에 의하여 Y, r을 M, G의 함수로 볼 수 있다고 가정하고 Y_M, r_G를 구하라. (단, $C(Y)$, $I(r)$, $L(Y,r)$은 함수)

<u>1단계</u>

$$f(Y, r, M, G) = Y - C(Y) - I(r) - G, \qquad g(Y, r, M, G) = M - L(Y, r)$$

이라 한다.

<u>2단계</u> Y, r을 M, G의 함수로 볼 수 있다고 가정하므로 생략

<u>3단계</u> Y, r을 M, G의 함수로 볼 때, Y_M, r_G의 분모는 $f(Y, r, M, G)$, $g(Y, r, M, G)$를 Y, r로 편미분한 함수의 행렬식이고, 분자는 분모에서 각각 Y, r로 편미분한 열을 각각 M, G로 편미분한 열로 대체한 것이므로

$$Y_M = -\frac{\begin{vmatrix} f_M & f_r \\ g_M & g_r \end{vmatrix}}{\begin{vmatrix} f_Y & f_r \\ g_Y & g_r \end{vmatrix}} = -\frac{\begin{vmatrix} 0 & -I'(r) \\ 1 & -L_r \end{vmatrix}}{\begin{vmatrix} 1 - C'(Y) & -I'(r) \\ -L_Y & -L_r \end{vmatrix}} = \frac{I'(r)}{(1 - C'(Y))L_r + I'(r)L_Y}$$

$$r_G = -\frac{\begin{vmatrix} f_Y & f_G \\ g_Y & g_G \end{vmatrix}}{\begin{vmatrix} f_Y & f_r \\ g_Y & g_r \end{vmatrix}} = -\frac{\begin{vmatrix} 1 - C'(Y) & -1 \\ -L_Y & 0 \end{vmatrix}}{\begin{vmatrix} 1 - C'(Y) & -I'(r) \\ -L_Y & -L_r \end{vmatrix}} = -\frac{L_Y}{(1 - C'(Y))L_r + I'(r)L_Y}$$

♣ 확인 문제

1. 어떤 재화의 가격 p, 수요량 q_d, 공급량 q_s, 소득 M, 기온 T가 방정식 $q_d = D(p, M)$, $q_s = S(p, T)$, $q_d = q_s$를 만족할 때, 음함수 정리에 의하여 p, q_d, q_s를 M, T의 함수로 볼 수 있다고 가정하고 p_T를 구하라. (단, $D(p, M)$, $S(p, T)$는 함수)

7.2 연습문제

다음 변수가 다음 방정식을 만족할 때, 다음 점 근방에서 음함수 정리가 적용됨을 보이고 다음을 구하라.

1. x, y $x^2 + 4y^2 = 1$ $(1, 0)$ $x'(y)$

2. x, y $\dfrac{y}{x} + \dfrac{x}{y} = \dfrac{5}{2}$ $(2, 1)$ $y'(x)$

3. x, y $\sqrt{x} + \sqrt{y} = 2$ $(1, 1)$ $y'(x)$

4. x, y $x - 2y + x^2 e^y = 0$ $(-1, 0)$ $y'(x)$

5. x, y, z $x^3 + y^3 + z^3 = 6xyz$ $(1, 0, -1)$ $y_z(x, z)$

6. x, y, z $yz + x \ln y = z^2$ $(1, 1, 1)$ $z_y(x, y)$

7. x, y, z $\begin{aligned} xy + 2xz + z - 2\sqrt{z} &= 11 \\ xyz &= 6 \end{aligned}$ $(3, 2, 1)$ $x'(z)$

8. x, y, z $\begin{aligned} e^x + e^y + e^z &= 3 \\ ze^x + e^y - ye^z &= 1 \end{aligned}$ $(0, 0, 0)$ $z'(y)$

9. x, y, z, w $\begin{aligned} x + y^2 + 2zw &= 0 \\ x^2 + xy + y^2 &= z^2 + w^2 \end{aligned}$ $(-1, 1, 0, 1)$ $w_x(x, z)$

10. x, y, z, w $\begin{aligned} x^2 - y &= z + w \\ x - 2y^2 &= z - 2w \end{aligned}$ $(1, -1, 1, 1)$ $y_w(x, w)$

다음에 답하라.

11. 어떤 재화의 소매가 p_d, 공급가 p_s, 조세 T가 방정식

$$D(p_d) = S(p_s), \qquad T = p_d - p_s$$

를 만족할 때, 음함수 정리에 의하여 p_d, p_s를 T의 함수로 볼 수 있다고 가정하고 $p_d'(T)$를 구하라. (단, $D(p_d)$, $S(p_s)$는 함수)

12. 국민소득 Y, 소비 C, 조세 T, 이자율 r, 통화량 M, 정부지출 G가 방정식

$$Y = C + I(r) + G, \qquad C = a + b(Y - T), \qquad T = cY, \qquad M = L(Y, r)$$

을 만족할 때, 음함수 정리에 의하여 Y, C, T, r을 M, G의 함수로 볼 수 있다고 가정하고 r_M을 구하라. (단, $I(r)$, $L(Y, r)$은 함수)

다변수함수의 최적화

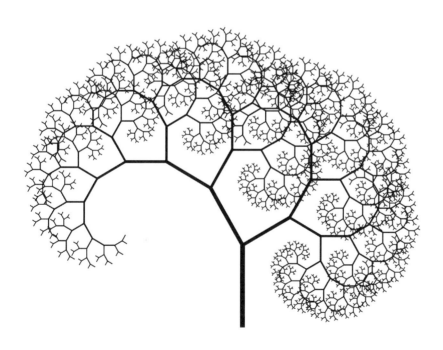

8.1.   극대와 극소

함수 $f(x)$가 극값을 가지는 점을 구하려면 $f'(x) = 0$을 만족하는 x를 구하면 되고, 이렇게 구한 점에서 $f(x)$가 극대인지, 극소인지는 이계도함수 $f''(x)$의 부호로 판정할 수 있었다. 변수가 여러 개로 늘어나도 같은 원칙이 적용된다.

극대와 극소

1단계 예를 들어 변수가 x, y인 함수 $f(x, y)$의 경우 편도함수 f_x, f_y를 구한다.

2단계 $f_x = f_y = 0$을 만족하는 (x, y)를 구한다.

3단계 이계편도함수 f_{xx}, f_{xy}, f_{yy}와 이계편도함수의 행렬

$$\begin{pmatrix} f_{xx} & f_{xy} \\ f_{xy} & f_{yy} \end{pmatrix}$$

를 구한다.

4단계 2단계에서 구한 (x, y)에 대하여 이계편도함수의 행렬이 양부호행렬이면 극소, 음부호행렬이면 극대, 부정부호행렬이면 극대도 극소도 아닌 것으로 판정한다.

조언 1   이계편도함수의 행렬은 1행에 f_x, 2행에 f_y를 다시 x, y로 편미분한 것이 순서대로 온다고 기억하면 된다.

조언 2   이계편도함수의 행렬이 양부호행렬, 음부호행렬, 부정부호행렬 어느 것도 아닐 수 있다. 이 책에서 이러한 경우는 다루지 않는다.

예제 1. 함수 $f(x, y) = xy(1 - x - y)$가 극값을 가지는 점을 모두 구하고, 각 점에서 극대인지, 극소인지 판정하라. (단, $x, y > 0$)

1단계 $f(x, y) = xy - x^2 y - xy^2$이므로 편도함수는

$$f_x = y - 2xy - y^2 = y(1 - 2x - y), \qquad f_y = x - x^2 - 2xy = x(1 - x - 2y)$$

2단계 $f_x = 0$이므로 $y = 0$ 또는 $2x + y = 1$이다. 그런데 $y = 0$일 수 없으므로 $2x + y = 1$이라 하고 $y = 1 - 2x$를 $f_y = 0$에 대입하면

$$x(1 - x - 2 + 4x) = x(3x - 1) = 0 \iff x = 0, \frac{1}{3}$$

다시, $x = 0$일 수 없으므로 $(x, y) = \left(\frac{1}{3}, \frac{1}{3}\right)$

3단계 이계편도함수와 이계편도함수의 행렬은

$$f_{xx} = -2y, \quad f_{xy} = 1 - 2x - 2y, \quad f_{yy} = -2x, \quad \begin{pmatrix} -2y & 1 - 2x - 2y \\ 1 - 2x - 2y & -2x \end{pmatrix}$$

4단계 $(x, y) = \left(\frac{1}{3}, \frac{1}{3}\right)$일 때 이계편도함수의 행렬은 $\begin{pmatrix} -\frac{2}{3} & -\frac{1}{3} \\ -\frac{1}{3} & -\frac{2}{3} \end{pmatrix}$이고 행렬식에 의한 부호판정법을 쓰면 (59~60쪽 참조)

$$\left| -\frac{2}{3} \right| = -\frac{2}{3}, \qquad \begin{vmatrix} -\frac{2}{3} & -\frac{1}{3} \\ -\frac{1}{3} & -\frac{2}{3} \end{vmatrix} = \frac{1}{3}$$

로 작은 쪽에서부터 $-$, $+$가 번갈아 나오므로 음부호행렬이다. 따라서 $\left(\frac{1}{3}, \frac{1}{3}\right)$에서 극대

♣ 확인 문제

다음 함수가 극값을 가지는 점을 모두 구하고, 각 점에서 극대인지, 극소인지 판정하라.

1. $f(x, y) = 8x^3 - 3x^2 - 2xy + y^2$ (단, $x, y > 0$)

2. $f(x, y, z) = x^3 + y^3 + z^3 - 3xy - 3yz - 3zx$ (단, $x, y, z > 0$)

예제 2. 제품 1, 2를 각각 q_1, q_2개 생산하면 제품 1, 2의 가격은 $48 - (q_1 + q_2)$가 되고, 여기에 드는 비용은 $2q_1{}^2 + q_2{}^2 + 4q_1 + 10q_2$라고 한다. 이윤이 극대가 되는 제품 1, 2의 생산량을 구하라.

$\boxed{\text{1단계}}$ 제품 1, 2를 각각 q_1, q_2개 생산할 때 이윤은

$$
\begin{aligned}
f(q_1, q_2) &= (48 - q_1 - q_2)(q_1 + q_2) - (2q_1{}^2 + q_2{}^2 + 4q_1 + 10q_2) \\
&= -3q_1{}^2 - 2q_1 q_2 - 2q_2{}^2 + 44q_1 + 38q_2
\end{aligned}
$$

편도함수는

$$f_{q_1} = -6q_1 - 2q_2 + 44, \qquad f_{q_2} = -2q_1 - 4q_2 + 38$$

$\boxed{\text{2단계}}$ $f_{q_1} = f_{q_2} = 0$을 풀면 $(q_1, q_2) = (5, 7)$

$\boxed{\text{3단계}}$ 이계편도함수와 이계편도함수의 행렬은

$$f_{q_1 q_1} = -6, \quad f_{q_1 q_2} = -2, \quad f_{q_2 q_2} = -4, \qquad \begin{pmatrix} -6 & -2 \\ -2 & -4 \end{pmatrix}$$

$\boxed{\text{4단계}}$ $(q_1, q_2) = (5, 7)$일 때 이계편도함수의 행렬은 위와 같고 행렬식에 의한 부호판정법을 쓰면(59~60쪽 참조)

$$|-6| = -6, \qquad \begin{vmatrix} -6 & -2 \\ -2 & -4 \end{vmatrix} = 20$$

으로 작은 쪽에서부터 $-$, $+$가 번갈아 나오므로 음부호행렬이다. 따라서 이윤이 극대가 되는 제품 1, 2의 생산량은 각각 5, 7

♣ 확인 문제

1. 제품 1, 2의 가격이 각각 p_1, p_2일 때, 제품 1, 2의 판매량은 각각 $60 - 2p_1$, $80 - 2p_2$라고 한다. 제품 1, 2를 각각 q_1, q_2개 생산하는 데 드는 비용이 $\dfrac{1}{2}(q_1 + q_2)^2 + 5(q_1 + q_2)$일 때, 이윤이 극대가 되는 제품 1, 2의 가격을 구하라.

8.1 연습문제

다음 함수가 극값을 가지는 점을 모두 구하고, 각 점에서 극대인지, 극소인지 판정하라.

1. $f(x, y) = x^2 + y^2 - 6x + 8y + 35$

2. $f(x, y) = -x^2 - xy - y^2 + 3x + 10$

3. $f(x, y) = 2x^2 + 8xy + 3y^2$

4. $f(x, y) = xy(x^2 + y^2 - 4)$

5. $f(x, y) = 2x^3 + 6xy^2 - 3x^2 + 3y^2$

6. $f(x, y) = x + 2ey - e^x - e^{2y}$

7. $f(x, y) = e^{2x} - 2x + 2y^2 + 1$

8. $f(x, y) = \ln xy - (x + y)^2$

9. $f(x, y) = 3\ln x + \ln y - x - 2y$

10. $f(x, y) = 4\ln x + e^y - x - y$

11. $f(x, y, z) = x^2 + 3y^2 + 6z^2 - 3xy + 4yz$

12. $f(x, y, z) = x^2 + y^2 + z^2 + xz + yz - y$

다음에 답하라.

13. 제품 1, 2의 가격이 각각 12, 18로 고정되어 있다. 제품 1, 2를 각각 q_1, q_2 개 생산하는 데 드는 비용이 $2q_1{}^2 + q_1 q_2 + 2q_2{}^2$ 일 때, 이윤이 극대가 되는 제품 1, 2 의 생산량을 구하라.

14. 제품 1, 2를 각각 q_1, q_2 개 생산하면 제품 1, 2의 가격은 각각 $55 - q_1 - q_2$, $70 - q_1 - 2q_2$ 가 되고, 여기에 드는 비용은 $q_1{}^2 + q_1 q_2 + q_2{}^2$ 이라고 한다. 이윤이 극대가 되는 제품 1, 2의 생산량을 구하라.

8.2. 라그랑주 승수법

변수가 만족해야 하는 방정식이 있을 때, 함수가 극값을 가지는 점을 구하는 방법이
라그랑주 승수법이다.

라그랑주 승수법

1단계 예를 들어 변수가 x, y인 경우 극값을 구하려는 함수를 $f(x, y)$, 변수가
만족해야 하는 방정식을 (좌변) $= 0$의 꼴로 정리한 다음 좌변을 $g(x, y)$라
한다.

2단계 방정식

$$\begin{cases} f_x &=& \lambda g_x \\ f_y &=& \lambda g_y \\ g(x, y) &=& 0 \end{cases}$$

을 푼다.

3단계 2단계에서 구한 (x, y)와 λ에 대하여 행렬

$$\begin{pmatrix} 0 & g_x & g_y \\ g_x & f_{xx} - \lambda g_{xx} & f_{xy} - \lambda g_{xy} \\ g_y & f_{xy} - \lambda g_{xy} & f_{yy} - \lambda g_{yy} \end{pmatrix}$$

의 행렬식이 $+$이면 극대, $-$이면 극소로 판정한다.

조언 1   문제에 극대인지, 극소인지 판정하라는 말이 없으면 2단계의 방정식을
만족하는 (x, y)만 구하고 3단계는 생략해도 되는 경우가 대부분이다.

조언 2   변수가 x, y, z인 경우 2단계의 방정식에 $f_z = \lambda g_z$를 추가하고 $g(x, y) = 0$
은 $g(x, y, z) = 0$으로 바꾸면 된다. 3단계의 행렬은

$$\begin{pmatrix} 0 & g_x & g_y & g_z \\ g_x & f_{xx} - \lambda g_{xx} & f_{xy} - \lambda g_{xy} & f_{xz} - \lambda g_{xz} \\ g_y & f_{xy} - \lambda g_{xy} & f_{yy} - \lambda g_{yy} & f_{yz} - \lambda g_{yz} \\ g_z & f_{xz} - \lambda g_{xz} & f_{yz} - \lambda g_{yz} & f_{zz} - \lambda g_{zz} \end{pmatrix}$$

이 된다.   부분의 행렬식이 $+$이고 전체 행렬의 행렬식이 $-$이면 극대,   부분의
행렬식과 전체 행렬의 행렬식이 $-$이면 극소로 판정한다.

예제 1. 변수 x, y가 $x^2 + y^2 = 2$를 만족할 때, 함수 $f(x, y) = x + y$가 극값을 가지는 점을 모두 구하고, 극대인지, 극소인지 판정하라.

$\boxed{1단계}$ 극값을 구하려는 함수와, x, y가 만족해야 하는 방정식을 (좌변) $= 0$의 꼴로 정리하였을 때 좌변은 각각

$$f(x, y) = x + y, \qquad g(x, y) = x^2 + y^2 - 2$$

$\boxed{2단계}$ 방정식

$$\begin{cases} f_x = \lambda g_x \\ f_y = \lambda g_y \\ g(x, y) = 0 \end{cases} \iff \begin{cases} 1 = 2\lambda x \\ 1 = 2\lambda y \\ x^2 + y^2 - 2 = 0 \end{cases}$$

에서 첫째, 둘째 방정식의 양변에 각각 y, x를 곱하면 $y = 2\lambda xy$, $x = 2\lambda xy$를 얻으므로 $x = y$이다. $x^2 + y^2 = 2$에 대입하면 $2x^2 = 2$이므로 $(x, y, \lambda) = \left(1, 1, \frac{1}{2}\right)$, $\left(-1, -1, -\frac{1}{2}\right)$

$\boxed{3단계}$

$$\begin{pmatrix} 0 & g_x & g_y \\ g_x & f_{xx} - \lambda g_{xx} & f_{xy} - \lambda g_{xy} \\ g_y & f_{xy} - \lambda g_{xy} & f_{yy} - \lambda g_{yy} \end{pmatrix} = \begin{pmatrix} 0 & 2x & 2y \\ 2x & -2\lambda & 0 \\ 2y & 0 & -2\lambda \end{pmatrix}$$

$(x, y, \lambda) = \left(1, 1, \frac{1}{2}\right)$, $\left(-1, -1, -\frac{1}{2}\right)$일 때 행렬식이 각각

$$\begin{vmatrix} 0 & 2 & 2 \\ 2 & -1 & 0 \\ 2 & 0 & -1 \end{vmatrix} = 8 > 0, \qquad \begin{vmatrix} 0 & -2 & -2 \\ -2 & 1 & 0 \\ -2 & 0 & 1 \end{vmatrix} = -8 < 0$$

이므로 $(1, 1)$에서 극대, $(-1, -1)$에서 극소

♣ 확인 문제

1. 변수 x, y, z가 $xy + yz + zx = 3$을 만족할 때, 함수 $f(x, y, z) = xyz$가 극값을 가지는 점을 모두 구하고, 극대인지, 극소인지 판정하라.

예제 2. 어떤 소비자는 재화 1, 2를 각각 x개, y개 소비할 때 얻는 효용이 xy라고 한다. 재화 1, 2의 가격이 각각 p_1, p_2이고 이 소비자의 소득이 M일 때, 이 소비자의 효용이 극대가 되는 재화 1, 2의 소비량을 구하라.

$\boxed{\text{1단계}}$ 극값을 구하려는 함수와, x, y가 만족해야 하는 방정식을 (좌변) $= 0$의 꼴로 정리하였을 때 좌변은 각각

$$f(x, y) = xy, \qquad g(x, y) = p_1 x + p_2 y - M$$

$\boxed{\text{2단계}}$ 방정식

$$\begin{cases} f_x &=& \lambda g_x \\ f_y &=& \lambda g_y \\ g(x, y) &=& 0 \end{cases} \iff \begin{cases} y &=& \lambda p_1 \\ x &=& \lambda p_2 \\ p_1 x + p_2 y - M &=& 0 \end{cases}$$

에서 첫째, 둘째 방정식의 양변에 각각 p_2, p_1을 곱하면 $p_2 y = \lambda p_1 p_2$, $p_1 x = \lambda p_1 p_2$를 얻으므로 $p_1 x = p_2 y$이다. $p_1 x + p_2 y = M$에 대입하면 $p_1 x = p_2 y = \frac{M}{2}$이므로 재화 1, 2의 소비량은 각각 $\frac{M}{2p_1}$, $\frac{M}{2p_2}$

$\boxed{\text{3단계}}$ (생략할 수 있음) 이 문제는 재화 1, 2의 소비량까지만 구하면 되는 것이지만, 위에서 구한 재화 1, 2의 소비량에 대해 실제로 효용이 극대인지 확인하면

$$\begin{pmatrix} 0 & g_x & g_y \\ g_x & f_{xx} - \lambda g_{xx} & f_{xy} - \lambda g_{xy} \\ g_y & f_{xy} - \lambda g_{xy} & f_{yy} - \lambda g_{yy} \end{pmatrix} = \begin{pmatrix} 0 & p_1 & p_2 \\ p_1 & 0 & 1 \\ p_2 & 1 & 0 \end{pmatrix}$$

$(x, y, \lambda) = \left(\frac{M}{2p_1}, \frac{M}{2p_2}, \frac{M}{2p_1 p_2} \right)$일 때 행렬식이 $2p_1 p_2 > 0$이므로 효용이 극대

♣ 확인 문제

1. 어떤 공장은 노동자 L명, 기계 K대로 제품 $\sqrt{LK}$개를 생산할 수 있다고 한다. 노동자의 임금이 w, 기계의 가격이 r일 때, 제품 q개를 생산하는 비용이 극소가 되는 노동자 수와 기계 대수를 구하라.

8.2 연습문제

다음 방정식이 만족될 때, 다음 함수가 극값을 가지는 점을 모두 구하고, 극대인지, 극소인지 판정하라.

1. $f(x, y) = xy$ $x + 2y = 4$

2. $f(x, y) = x(y + 4)$ $x + y = 8$

3. $f(x, y) = x - 3y - xy$ $x + y = 6$

4. $f(x, y) = 7 - y + x^2$ $x + y = 0$

5. $f(x, y) = x - y$ $xy = 1$

6. $f(x, y) = x^2 + y^2$ $xy = 1$

7. $f(x, y) = 3x + y$ $x^2 + y^2 = 10$

8. $f(x, y) = xy$ $x^2 + 4y^2 = 8$

9. $f(x, y) = y^2 - x^2$ $x^2 + 4y^2 = 4$

10. $f(x, y, z) = 2x + 2y + z$ $x^2 + y^2 + z^2 = 9$

11. $f(x, y, z) = x + 2y + 4z$ $x^2 + y^2 + z^2 = 21$

12. $f(x, y, z) = x^2 + y^2 + z^2$ $x^2 - z^2 = 1$

다음에 답하라.

13. 어떤 노동자는 하루 여가가 L시간이고 소득이 M일 때 얻는 효용이 $\sqrt{LM}$이라고 한다. 이 노동자의 시급이 w일 때, 이 노동자의 효용이 극대가 되는 하루 노동시간을 구하라.

14. 어떤 소비자는 현재 소비가 c_1, 미래 소비가 c_2일 때 얻는 효용이 $\ln c_1 + \beta \ln c_2$라고 한다. 이 소비자의 현재 소득은 M, 미래 소득은 0이고 현재 소득의 일부를 저축하면 미래에 $1 + r$배를 돌려받는다. 이 소비자의 효용이 극대가 되는 현재 소비와 미래 소비를 구하라.

8.3. 극대 · 극소와 음함수 정리

경제학의 많은 문제는 일부 변수의 값이 주어졌을 때, 어떤 함수가 극값을 가지는 나머지 변수의 값을 구하는 것이다. 여기에서 한발 나아가, 주어진 것으로 생각한 변수의 변화에 따라 함수가 극값을 가지는 나머지 변수와 극값 그 자체가 어떻게 변하는지 하는 문제를 생각한다. 주어진 변수는 α, β, 그렇지 않은 변수는 x, y라 하자.

극대 · 극소와 음함수 정리 (1)

1단계 변수를 주어진 것과 그렇지 않은 것으로 구분하고, 극값을 가져야 하는 함수를 $f(x, y, \alpha, \beta)$라 한다.

2단계 변수 x, y, α, β가 방정식 $f_x = 0$, $f_y = 0$을 만족하며, 음함수 정리에 의하여 주어진 것이 아닌 변수 x, y를 주어진 변수 α, β의 함수로 볼 수 있다고 가정하고 (편)도함수를 구한다.

3단계 주어진 α, β에 대한 $f(x, y, \alpha, \beta)$의 극값을 $V(\alpha, \beta)$라 하면 V_α, V_β는 $V_\alpha = f_\alpha$, $V_\beta = f_\beta$로 구한다.

$\boxed{\text{조언}}$ 2단계의 변수가 만족해야 하는 방정식은 극값을 가져야 하는 함수를 주어진 것이 아닌 변수로 편미분하여 얻은 것이다. 주어진 변수가 α 하나뿐이면 극값을 가지는 x, y와 $V(\alpha)$를 α로 미분한 함수를 각각 $x'(\alpha)$, $y'(\alpha)$, $V'(\alpha)$로 나타낸다.

예제 1. 주어진 양수 α에 대하여 함수 $f(x, \alpha) = \sqrt{x} - \alpha x$가 극값을 가지는 x를 음함수 정리에 의하여 α의 함수로 볼 수 있다고 가정하고 $x'(\alpha)$를 구하라. 또, 이때 극값을 $V(\alpha)$라 하고 $V'(\alpha)$를 구하라.

$\boxed{\text{1단계}}$ 주어진 변수는 α, 그렇지 않은 변수는 x이고 극값을 가져야 하는 함수는 $f(x, \alpha) = \sqrt{x} - \alpha x$

$\boxed{\text{2단계}}$ x, α가 방정식 $f_x = \dfrac{1}{2\sqrt{x}} - \alpha = 0$을 만족하므로 음함수 정리에 의하여 (68~69쪽 참조)

$$x'(\alpha) = -\frac{f_{x\alpha}}{f_{xx}} = -\frac{-1}{-\frac{1}{4x\sqrt{x}}} = -4x\sqrt{x}$$

$\boxed{\text{3단계}}$ $V'(\alpha) = f_\alpha = -x$

예제 2. 주어진 1보다 큰 양수 α, β에 대하여 함수

$$f(x, y, \alpha, \beta) = \alpha x^2 + xy + \beta y^2 - \beta x - \alpha y$$

가 극값을 가지는 x, y를 음함수 정리에 의하여 α, β의 함수로 볼 수 있다고 가정하고 y_β를 구하라. 또, 이때 극값을 $V(\alpha, \beta)$라 하고 V_β를 구하라.

　

$\boxed{1단계}$　　주어진 변수는 α, β, 그렇지 않은 변수는 x, y이고 극값을 가져야 하는 함수는

$$f(x, y, \alpha, \beta) = \alpha x^2 + xy + \beta y^2 - \beta x - \alpha y$$

$\boxed{2단계}$　　x, y, α, β가 방정식

$$f_x = 2\alpha x + y - \beta = 0, \qquad f_y = x + 2\beta y - \alpha = 0$$

을 만족하므로 음함수 정리에 의하여 (70~72쪽 참조)

$$y_\beta = -\frac{\begin{vmatrix} f_{xx} & f_{x\beta} \\ f_{yx} & f_{y\beta} \end{vmatrix}}{\begin{vmatrix} f_{xx} & f_{xy} \\ f_{yx} & f_{yy} \end{vmatrix}} = -\frac{\begin{vmatrix} 2\alpha & -1 \\ 1 & 2y \end{vmatrix}}{\begin{vmatrix} 2\alpha & 1 \\ 1 & 2\beta \end{vmatrix}} = -\frac{4\alpha y + 1}{4\alpha\beta - 1}$$

$\boxed{3단계}$　　$V_\beta = f_\beta = y^2 - x$

♣ 확인 문제

1. 주어진 α에 대하여 함수 $f(x, \alpha) = x^2 - 4\alpha x + 3\alpha^2$이 극값을 가지는 x를 음함수 정리에 의하여 α의 함수로 볼 수 있다고 가정하고 $x'(\alpha)$를 구하라. 또, 이때 극값을 $V(\alpha)$라 하고 $V'(\alpha)$를 구하라.

2. 주어진 α, β에 대하여 함수

$$f(x, y, \alpha, \beta) = x^2 + xy + y^2 + \alpha x + \beta y$$

가 극값을 가지는 x, y를 음함수 정리에 의하여 α, β의 함수로 볼 수 있다고 가정하고 x_α를 구하라. 또, 이때 극값을 $V(\alpha, \beta)$라 하고 V_α를 구하라.

예제 3. 어떤 기업이 제품을 q개 생산하는 데 드는 비용이 $C(q)$라고 한다. 이 제품의 가격이 p일 때 이윤이 극대가 되는 q를 음함수 정리에 의하여 p의 함수로 볼 수 있다고 가정하고 $q'(p)$를 구하라. 또, 이때 이윤을 $V(p)$라 하고 $V'(p)$를 구하라.

1단계   주어진 변수는 p, 그렇지 않은 변수는 q이고 극값을 가져야 하는 함수는

$$f(q, p) = pq - C(q)$$

2단계 q, p가 방정식 $f_q = p - C'(q) = 0$을 만족하므로 음함수 정리에 의하여 (68~69쪽 참조)

$$q'(p) = -\frac{f_{qp}}{f_{qq}} = -\frac{1}{-C''(q)} = \frac{1}{C''(q)}$$

3단계 $V'(p) = f_p = q$

♣ 확인 문제

1. 어떤 제품의 가격이 p일 때 판매량이 $q(p)$라고 한다. 이 제품 1개를 생산하는 데 드는 비용이 c일 때 이윤이 극대가 되는 가격 p를 음함수 정리에 의하여 c의 함수로 볼 수 있다고 가정하고 $p'(c)$를 구하라. 또, 이때 이윤을 $V(c)$라 하고 $V'(c)$를 구하라.

예제 4. 어떤 공장은 노동자 L 명, 기계 K 대로 제품 $L^\alpha K^\beta$ 개를 생산할 수 있다고 한다. 제품의 가격이 p, 노동자의 임금이 w, 기계의 가격이 r 일 때 이윤이 극대가 되는 노동자 수 L 과 기계 대수 K 를 음함수 정리에 의하여 p, w, r 의 함수로 볼 수 있다고 가정하고 L_w 를 구하라. 또, 이때 이윤을 $V(p, w, r)$ 이라 하고 V_p 를 구하라. (단, α, $\beta > 0$ 이고 $\alpha + \beta < 1$)

1단계 주어진 변수는 p, w, r, 그렇지 않은 변수는 L, K 이고 극값을 가져야 하는 함수는

$$f(L, K, p, w, r) = pL^\alpha K^\beta - wL - rK$$

2단계 L, K, p, w, r 이 방정식

$$f_L = p\alpha L^{\alpha-1} K^\beta - w = 0, \qquad f_K = p\beta L^\alpha K^{\beta-1} - r = 0$$

을 만족하므로 음함수 정리에 의하여 (70~72쪽 참조)

$$
\begin{aligned}
L_w &= -\frac{\begin{vmatrix} f_{Lw} & f_{LK} \\ f_{Kw} & f_{KK} \end{vmatrix}}{\begin{vmatrix} f_{LL} & f_{LK} \\ f_{KL} & f_{KK} \end{vmatrix}} = -\frac{\begin{vmatrix} -1 & p\alpha\beta L^{\alpha-1} K^{\beta-1} \\ 0 & p\beta(\beta-1) L^\alpha K^{\beta-2} \end{vmatrix}}{\begin{vmatrix} p\alpha(\alpha-1) L^{\alpha-2} K^\beta & p\alpha\beta L^{\alpha-1} K^{\beta-1} \\ p\alpha\beta L^{\alpha-1} K^{\beta-1} & p\beta(\beta-1) L^\alpha K^{\beta-2} \end{vmatrix}} \\[2mm]
&= \frac{(\beta-1) L^{2-\alpha}}{p\alpha(1-\alpha-\beta) K^\beta}
\end{aligned}
$$

3단계 $V_p = f_p = L^\alpha K^\beta$

♣ 확인 문제

1. 어떤 기업이 제품 1, 2를 각각 q_1, q_2 개 생산하는 데 드는 비용이 $C(q_1, q_2)$ 라고 한다. 제품 1, 2의 가격이 각각 p_1, p_2 일 때 이윤이 극대가 되는 q_1, q_2 를 음함수 정리에 의하여 p_1, p_2 의 함수로 볼 수 있다고 가정하고 $(q_2)_{p_2}$ 를 구하라. 또, 이때 이윤을 $V(p_1, p_2)$ 라 하고 V_{p_1} 을 구하라.

극대 · 극소와 음함수 정리 (1)은 변수가 만족해야 하는 방정식이 없을 때 어떤 함수가 극값을 가지는 변수를 주어진 변수로 (편)미분하는 방법이다. 이제 변수가 만족해야 하는 방정식이 있을 때 어떤 함수가 극값을 가지는 변수를 주어진 변수로 (편)미분하는 방법을 살펴보자.

앞에서와 마찬가지로 주어진 변수는 α, β, 그렇지 않은 변수는 x, y라 하자. x, y가 만족해야 하는 방정식이 있으므로 8.2절에서처럼 이로부터 나오는 $g(x, y, \alpha, \beta)$와 λ가 추가되는 것이 달라지는 점이다.

극대 · 극소와 음함수 정리 (2)

1단계 변수를 주어진 것과 그렇지 않은 것으로 구분하고, 극값을 가져야 하는 함수를 $f(x, y, \alpha, \beta)$, 변수가 만족해야 하는 방정식을 (좌변) $= 0$의 꼴로 정리한 다음 좌변을 $g(x, y, \alpha, \beta)$라 한다.

2단계 변수 x, y, λ, α, β가 방정식

$$f_x - \lambda g_x = 0, \qquad f_y - \lambda g_y = 0, \qquad g(x, y, \alpha, \beta) = 0$$

을 만족하며, 음함수 정리에 의하여 주어진 것이 아닌 변수 x, y, λ를 주어진 변수 α, β의 함수로 볼 수 있다고 가정하고 (편)도함수를 구한다.

3단계 주어진 α, β에 대한 $f(x, y, \alpha, \beta)$의 극값을 $V(\alpha, \beta)$라 하면 V_α, V_β는 $V_\alpha = f_\alpha - \lambda g_\alpha$, $V_\beta = f_\beta - \lambda g_\beta$로 구한다.

조언 1   기존의 변수에 추가되는 λ는 라그랑주 승수법의 λ라 한다. 이는 주어진 것이 아닌 변수로 생각한다.

조언 2 x, y가 만족해야 하는 방정식이 있으면 2단계와 3단계에서 편미분하는 함수가 $f(x, y, \alpha, \beta)$에서 $f(x, y, \alpha, \beta) - \lambda g(x, y, \alpha, \beta)$로 바뀐다고 기억하면 된다.

예제 5. 주어진 양수 α에 대하여 x, y가 $x^2 + y^2 = \alpha$를 만족할 때, 함수 $f(x, y, \alpha) = x + y$가 극값을 가지는 x, y와 라그랑주 승수법의 λ를 음함수 정리에 의하여 α의 함수로 볼 수 있다고 가정하고 $x'(\alpha)$를 구하라. 또, 이때 극값을 $V(\alpha)$라 하고 $V'(\alpha)$를 구하라.

$\boxed{1단계}$ 주어진 변수는 α, 그렇지 않은 변수는 x, y이고 극값을 가져야 하는 함수와, 변수가 만족해야 하는 방정식을 (좌변) $= 0$의 꼴로 정리하였을 때 좌변은 각각

$$f(x, y, \alpha) = x + y, \qquad g(x, y, \alpha) = x^2 + y^2 - \alpha$$

$\boxed{2단계}$ x, y, λ, α가 방정식

$$f_x - \lambda g_x = 1 - 2\lambda x = 0, \qquad f_y - \lambda g_y = 1 - 2\lambda y = 0, \qquad g(x, y, \alpha) = 0$$

을 만족한다. 음함수 정리에서 $x'(\alpha)$의 분모는 $f_x - \lambda g_x$, $f_y - \lambda g_y$, $g(x, y, p_1, p_2, M)$을 x, y, λ로 편미분한 행렬의 행렬식이고, 분자는 분모에서 x로 편미분한 열을 α로 편미분한 열로 대체한 것이므로(70~72쪽 참조)

$$x'(\alpha) = -\frac{\begin{vmatrix} (f_x - \lambda g_x)_\alpha & (f_x - \lambda g_x)_y & (f_x - \lambda g_x)_\lambda \\ (f_y - \lambda g_y)_\alpha & (f_y - \lambda g_y)_y & (f_y - \lambda g_y)_\lambda \\ g_\alpha & g_y & g_\lambda \end{vmatrix}}{\begin{vmatrix} (f_x - \lambda g_x)_x & (f_x - \lambda g_x)_y & (f_x - \lambda g_x)_\lambda \\ (f_y - \lambda g_y)_x & (f_y - \lambda g_y)_y & (f_y - \lambda g_y)_\lambda \\ g_x & g_y & g_\lambda \end{vmatrix}} = -\frac{\begin{vmatrix} 0 & 0 & -2x \\ 0 & -2\lambda & -2y \\ -1 & 2y & 0 \end{vmatrix}}{\begin{vmatrix} -2\lambda & 0 & -2x \\ 0 & -2\lambda & -2y \\ 2x & 2y & 0 \end{vmatrix}}$$

$$= -\frac{x}{2x^2 + 2y^2}$$

$\boxed{3단계}$ $V'(\alpha) = f_\alpha - \lambda g_\alpha = 0 - \lambda(-1) = \lambda$

* 변수가 만족해야 하는 방정식의 표현은 여러 가지가 있을 수 있다. 여기에서는 $g(x, y, \alpha) = x^2 + y^2 - \alpha$으로 두었지만 $g(x, y, \alpha) = \alpha - x^2 - y^2$으로 둘 수도 있다. 이에 따라 $x'(\alpha)$나 $V'(\alpha)$의 표현도 달라지므로 연습문제 정답에는 $g(x, y, \alpha)$ 등을 어떻게 두었는지 밝혀 놓았다.

♣ 확인 문제

1. 주어진 α에 대하여 x, y가 $xy = \alpha$를 만족할 때, 함수 $f(x, y, \alpha) = x^2 + y^2$이 극값을 가지는 x, y와 라그랑주 승수법의 λ를 음함수 정리에 의하여 α의 함수로 볼 수 있다고 가정하고 $y'(\alpha)$를 구하라. 또, 이때 극값을 $V(\alpha)$라 하고 $V'(\alpha)$를 구하라.

예제 6. 어떤 소비자는 재화 1, 2를 각각 x개, y개 소비할 때 얻는 효용이 xy라고 한다. 재화 1, 2의 가격이 각각 p_1, p_2이고 이 소비자의 소득이 M일 때 효용이 극대가 되는 재화 1, 2의 소비량 x, y와 라그랑주 승수법의 λ를 음함수 정리에 의하여 p_1, p_2, M의 함수로 볼 수 있다고 가정하고 y_M을 구하라. 또, 이때 효용을 $V(p_1, p_2, M)$이라 하고 V_{p_2}를 구하라.

1단계 주어진 변수는 p_1, p_2, M, 그렇지 않은 변수는 x, y이고 극값을 가져야 하는 함수와, x, y가 만족해야 하는 방정식의 좌변은 각각

$$f(x, y, p_1, p_2, M) = xy, \qquad g(x, y, p_1, p_2, M) = p_1 x + p_2 y - M$$

2단계 x, y, λ, p_1, p_2, M이 방정식

$$f_x - \lambda g_x = y - \lambda p_1 = 0, \qquad f_y - \lambda g_y = x - \lambda p_2 = 0, \qquad g(x, y, p_1, p_2, M) = 0$$

을 만족한다. 음함수 정리에서 y_M의 분모는 $f_x - \lambda g_x$, $f_y - \lambda g_y$, $g(x, y, p_1, p_2, M)$을 x, y, λ로 편미분한 행렬의 행렬식이고, 분자는 분모에서 y로 편미분한 열을 M으로 편미분한 열로 대체한 것이므로(70~72쪽 참조)

$$y_M = -\frac{\begin{vmatrix} (f_x - \lambda g_x)_x & (f_x - \lambda g_x)_M & (f_x - \lambda g_x)_\lambda \\ (f_y - \lambda g_y)_x & (f_y - \lambda g_y)_M & (f_y - \lambda g_y)_\lambda \\ g_x & g_M & g_\lambda \end{vmatrix}}{\begin{vmatrix} (f_x - \lambda g_x)_x & (f_x - \lambda g_x)_y & (f_x - \lambda g_x)_\lambda \\ (f_y - \lambda g_y)_x & (f_y - \lambda g_y)_y & (f_y - \lambda g_y)_\lambda \\ g_x & g_y & g_\lambda \end{vmatrix}} = -\frac{\begin{vmatrix} 0 & 0 & -p_1 \\ 1 & 0 & -p_2 \\ p_1 & -1 & 0 \end{vmatrix}}{\begin{vmatrix} 0 & 1 & -p_1 \\ 1 & 0 & -p_2 \\ p_1 & p_2 & 0 \end{vmatrix}} = \frac{1}{2p_2}$$

3단계 $V_{p_2} = f_{p_2} - \lambda g_{p_2} = 0 - \lambda y = -\lambda y$

♣ 확인 문제

1. 어떤 공장은 노동자 L명, 기계 K대로 제품 $\sqrt{LK}$개를 생산할 수 있다고 한다. 노동자의 임금이 w, 기계의 가격이 r일 때 제품 q개를 생산하는 비용이 극소가 되는 노동자 수 L과 기계 대수 K, 라그랑주 승수법의 λ를 음함수 정리에 의하여 w, r, q의 함수로 볼 수 있다고 가정하고 K_q를 구하라. 또, 이때 비용을 $V(w, r, q)$라 하고 V_q를 구하라.

8.3 연습문제

다음에 답하라.

1. 주어진 양수 α에 대하여 $f(x, \alpha) = e^{\alpha x} - x$가 극값을 가지는 x를 음함수 정리에 의하여 α의 함수로 볼 수 있다고 가정하고 $x'(\alpha)$를 구하라. 또, 이때 극값을 $V(\alpha)$라 하고 $V'(\alpha)$를 구하라.

2. 주어진 양수 α, β에 대하여 함수 $f(x, y, \alpha, \beta) = \alpha x^3 + \beta y^3 - xy$가 극값을 가지는 x, y를 음함수 정리에 의하여 α, β의 함수로 볼 수 있다고 가정하고 x_α를 구하라. 또, 이때 극값을 $V(\alpha, \beta)$라 하고 V_α를 구하라.

3. 주어진 0이 아닌 α, β에 대하여 x, y가 $\alpha x + \beta y = 1$을 만족할 때, $f(x, y, \alpha, \beta) = x^2 + y^2$이 극값을 가지는 x, y와 라그랑주 승수법의 λ를 음함수 정리에 의하여 α, β의 함수로 볼 수 있다고 가정하고 x_α를 구하라. 또, 이때 극값을 $V(\alpha, \beta)$라 하고 V_β를 구하라.

4. 성능이 z인 기계로 노동자 L명이 제품 $zh(L)$개를 생산할 수 있다고 한다. 제품의 가격은 1이고 노동자의 임금이 w일 때 이윤이 극대가 되는 노동자 수 L을 음함수 정리에 의하여 w, z의 함수로 볼 수 있다고 가정하고 L_w, L_z를 구하라. 또, 이때 이윤을 $V(w, z)$라 하고 V_w, V_z를 구하라.

5. 어떤 소비자는 재화 1, 2를 각각 x개, y개 소비할 때 얻는 효용이 xy라고 한다. 재화 1, 2의 가격이 각각 p_1, p_2일 때 소비하여 얻는 효용이 u이면서 지출을 극소로 하는 재화 1, 2의 소비량 x, y와 라그랑주 승수법의 λ를 음함수 정리에 의하여 p_1, p_2, u의 함수로 볼 수 있다고 가정하고 x_{p_1}, x_u를 구하라. 또, 이때 지출을 $V(p_1, p_2, u)$라 하고 V_{p_1}, V_u를 구하라.

6. 어떤 소비자는 현재 소비가 c_1, 미래 소비가 c_2일 때 얻는 효용이 $\ln c_1 + \beta \ln c_2$라고 한다. 이 소비자의 현재 소득은 M, 미래 소득은 0이고 현재 소득의 일부를 저축하면 미래에 $1 + r$배를 돌려받는다. 이 소비자의 효용이 극대가 되는 현재 소비 c_1, 미래 소비 c_2와 라그랑주 승수법의 λ를 음함수 정리에 의하여 r의 함수로 볼 수 있다고 가정하고 $c_1'(r), c_2'(r)$을 구하라. 또, 이때 효용을 $V(r)$이라 하고 $V'(r)$을 구하라.

연습문제 정답

1.1. 다항함수의 미분법

확인 문제(2쪽)

1. -2

2. $2x - 3$

3. $12x^{11} - 15x^4$

4. $-2x^9 + \dfrac{3}{2}x^2$

확인 문제(3쪽)

1. $12x - 7$

2. $8x^3 - 3x^2 + 2x - 1$

3. $9x^2 + 16x - 4$

4. $-6(4x - 3)(-2x^2 + 3x - 1)^5$

확인 문제(4쪽)

1. $10 - q,\ 10 - 2q$

연습문제(5쪽)

1. $4x - 3$

2. $3x^2 - 2x$

3. $-12x^2 - 6x + 6$

4. $20x^3 - 2x$

5. $12x^3 - 15x^2 + 4x$

6. $35x^4 - 16x + 5$

7. $3x^2 - 2x - 5$

8. $18x^2 - 8x - 18$

9. $8x^3 - 15x^2 + 22x - 6$

10. $5x^4 - 8x^3 + 4x - 1$

11. $3x^2 + 6x + 2$

12. $48x^3 - 12x^2 - 22x + 1$

13. $20(2x + 1)^9$

14. $5(2x - 1)(x^2 - x + 3)^4$

15. $12x^2 - 28x + 16$

16. $3q + 7 + \dfrac{12}{q},\ 6q + 7$

17. $\dfrac{10000}{q} + 500 - 10q,\ 500 - 20q$

1.2. 유·무리함수의 미분법

확인 문제(6쪽)

1. $4 - \dfrac{1}{x^2} + \dfrac{2}{x^3}$

2. $\dfrac{x^2 - 2x - 2}{(x^2 + 2)^2}$

3. $-\dfrac{5(2x - 3)}{x^6(x - 3)^6}$

4. $-\dfrac{2(x + 1)(x + 2)}{(2x + 1)^4}$

확인 문제(7쪽)

1. $\dfrac{3x - 2}{2\sqrt{x - 2}}$

2. $\dfrac{4(x - 2)}{(4x - 3)^{3/2}}$

3. $-\dfrac{5x^2 - 4x + 1}{2\sqrt{1 - x}}$

4. $-\dfrac{x^2 - 4x + 1}{(x + 1)^3\sqrt{2x - 1}}$

확인 문제(8쪽)

1. 4

연습문제(9쪽)

1. $\dfrac{x(x + 2)}{(x + 1)^2}$

2. $\dfrac{1 - 2x}{(x^2 - x + 1)^2}$

3. $-\dfrac{6x}{(x^2 + 1)^4}$

4. $\sqrt{2} + \dfrac{\sqrt{3}}{2\sqrt{x}}$

5. $\dfrac{5}{3}x^{2/3} - \dfrac{2}{3}x^{-1/3}$

6. $\dfrac{3x}{\sqrt{3x^2 + 1}}$

7. $1 - \dfrac{x}{\sqrt{4 - x^2}}$

8. $\dfrac{4}{3}x(x^2 + 2)^{-1/3}$

9. $\dfrac{3x - 1}{2\sqrt{x}}$

10. $\dfrac{3x + 2}{2\sqrt{x + 1}} + \dfrac{1}{2\sqrt{x - 1}}$

11. $\dfrac{\sqrt{x} + 4}{(\sqrt{x} + 2)^2}$

12. $\dfrac{1 - x}{(x^2 + 1)^{3/2}}$

13. 1

14. $2q - 12 - \dfrac{60}{q^2}$

1.3. 지수·로그함수의 미분법

확인 문제(11쪽)

1. $-2e^{-2x+5}$

2. $(x^2 + 2x)e^x$

3. $\dfrac{1}{x}$

4. $\dfrac{2x}{(x^2 + 1)\ln 2}$

5. $\dfrac{\ln x + 1}{\ln 3}$

6. $\ln(x^2 + 1) + \dfrac{2x^2}{x^2 + 1}$

7. $-\dfrac{x(x - 2)}{e^x}$

8. $\dfrac{\ln x - 1}{(\ln x)^2}$

확인 문제(12쪽)

1. $\dfrac{t+1}{t}$

연습문제(13쪽)

1. $(x^3 + 3x^2 + 2x + 2)e^x$

2. $-xe^x - 2e^{2x} + 1$

3. $\left(x^{3/2} + x + \dfrac{3}{2}\sqrt{x} + 1 \right) e^x$

4. $\dfrac{x(2x-3)e^x}{(2x^2 + x + 1)^2}$

5. $\dfrac{3x^2}{(x^3 + 1)\ln 10}$

6. $\dfrac{1}{2x\sqrt{2 + \ln x}}$

7. $\dfrac{2x - 2}{x^2 - 2x}$

8. $\dfrac{1}{\sqrt{1 + x^2}}$

9. $\dfrac{1 - 2x^2}{x - x^3}$

10. $\dfrac{e^{2x} - x + 1}{x + e^{2x}}$

11. $\dfrac{8x^2 - x + 10}{2x^3 + x^2 + 2x + 1}$

12. $\ln x$

13. $2x\ln 2x + x$

14. $\dfrac{2x - 1 - (x-1)\ln(x-1)}{(x-1)(1 - \ln(x-1))^2}$

15. $\dfrac{1}{2\sqrt{t}}$

16. p

2.1. 이계도함수

확인 문제(16쪽)

1. $12x^2 - 24x$

2. $\dfrac{4x(x^2 - 3)}{(x^2 + 1)^3}$

3. $(x - 2)e^{-x}$

4. $-\dfrac{2(x^2 - 1)}{(x^2 + 1)^2}$

연습문제(17쪽)

1. $-12x$

2. $12x^2$

3. $36x^2 - 24x$

4. $60x^4 - 60x^2$

5. $\dfrac{8}{(x - 2)^3}$

6. $\dfrac{2(x^3 - 3x + 1)}{(x^2 - x + 1)^3}$

7. $\dfrac{24x - 20}{x^6}$

8. $-\dfrac{1}{4(x+1)^{3/2}}$

9. $\dfrac{3x - 10}{4(x-2)^{3/2}}$

10. $\dfrac{36 - 8x}{(4x - 3)^{5/2}}$

11. $\dfrac{(1 - 2x)e^{-1/x}}{x^4}$

12. $-(x^3 + 6x^2 + 6x - 1)e^x$

13. $(4x^4 + 10x^2 + 2)e^{x^2}$

14. $-\dfrac{8e^x - 8e^{-x}}{(e^x + e^{-x})^3}$

15. $-\dfrac{12x}{(x^2-9)^2}$

16. $-\dfrac{12x^4-48x+9}{(2x^3-3x+4)^2}$

17. $-\dfrac{2\ln x+2}{x(\ln x-1)^3}$

18. $\dfrac{e^x(x^2\ln x+2x-1)}{x^2}$

2.2. 극대와 극소

확인 문제(19쪽)

1. $x=-1$에서 극대
   $x=1$에서 극소

2. $x=1$에서 극대

3. $x=1$에서 극소

4. $x=1$에서 극소

5. 625

연습문제(20쪽)

1. $x=1$에서 극대
   $x=-\dfrac{1}{2}$에서 극소

2. $x=1$에서 극대
   $x=0,2$에서 극소

3. $x=1$에서 극대
   $x=-1,2$에서 극소

4. $x=-1$에서 극대
   $x=1$에서 극소

5. $x=0$에서 극대
   $x=4$에서 극소

6. $x=-1$에서 극대
   $x=3$에서 극소

7. $x=0$에서 극대

8. $x=1$에서 극대
   $x=-1$에서 극소

9. $x=0$에서 극대

10. $x=1$에서 극소

11. $x=0$에서 극소

12. $x=e$에서 극대

13. $\dfrac{10}{\sqrt{3}}$

14. $\dfrac{30+\sqrt{225+3p}}{3}$

3.1. 부정적분

확인 문제(23쪽)

1. $3\ln|x|+\dfrac{4}{x}+C$

2. $\dfrac{1}{3}x^3-\dfrac{1}{2}x^2+x+C$

3. $\dfrac{2}{5}x^{5/2}-\dfrac{4}{3}x^{3/2}+C$

4. $\dfrac{2}{3}x^{3/2}+2\sqrt{x}+C$

5. e^x-2x^2+2x+C

6. $\dfrac{10^{x+2}}{\ln 10}+C$

7. $\dfrac{4^x}{\ln 4}+\dfrac{2^x}{\ln 2}+C$

8. $e^x-2\ln|x|+C$

연습문제(24쪽)

1. $\dfrac{9}{7}x^{7/3}+C$

2. $x^3 + 3x^2 - 5x + C$

3. $5x^{7/5} - \dfrac{40}{9}x^{9/5} + C$

4. $\dfrac{1}{3}x^3 - x^2 + 4x + C$

5. $\dfrac{1}{2}x^2 - \ln|x| - \dfrac{1}{x^2} + C$

6. $\dfrac{1}{2}x^2 + 3x + 3\ln|x| - \dfrac{1}{x} + C$

7. $\dfrac{1}{4}x^4 + \dfrac{3}{2}x^2 + 3\ln|x| - \dfrac{1}{2x^2} + C$

8. $\dfrac{3}{4}x^{4/3} + \dfrac{6}{11}x^{11/6} + C$

9. $\dfrac{2}{5}x^{5/2} + \dfrac{2}{3}x^{3/2} + 2\sqrt{x} + C$

10. $\dfrac{2}{5}x^{5/2} - 2x^{3/2} + 4\sqrt{x} + C$

11. $e^{x+1} + C$

12. $-\dfrac{1}{3}e^{1-3x} + C$

13. $\dfrac{10^{2x+3}}{2\ln 10} + C$

14. $2e^x - \dfrac{3^x}{\ln 3} + C$

15. $e^x - e^{-x} + C$

3.2. 적분기법

확인 문제(25쪽)

1. $\dfrac{1}{4}(x^2 - 1)^4 + C$

2. $\dfrac{1}{22}(1-x)^{22} - \dfrac{1}{21}(1-x)^{21} + C$

3. $-\dfrac{1}{4x+2} + C$

4. $\dfrac{1}{2}\ln|x^2 - 2x - 2| + C$

5. $\dfrac{1}{4}(e^x + 1)^4 + C$

6. $\ln|\ln x| + C$

확인 문제(27쪽)

1. $-\dfrac{2x+1}{4e^{2x}} + C$

2. $\dfrac{1}{3}x(x^2 + 3)\ln x - \dfrac{1}{9}x(x^2 + 9) + C$

3. $x(\ln x)^2 - 2x\ln x + 2x + C$

4. $2\sqrt{x}(\ln x - 2) + C$

연습문제(28쪽)

1. $\dfrac{1}{8}(2x - 5)^4 + C$

2. $\dfrac{1}{5}\ln|5x - 1| + C$

3. $\dfrac{2}{15}(3x - 2)(x + 1)^{3/2} + C$

4. $\dfrac{1}{2}e^{2x+1} + C$

5. $\dfrac{1}{3}(x^3 + 1)^3 + C$

6. $\dfrac{1}{9}(3x^2 + 2)^{3/2} + C$

7. $\dfrac{1}{3}e^{x^3} + C$

8. $\ln|x^2 - x - 2| + C$

9. $2\sqrt{1 + x^3} + C$

10. $\ln(e^x + 1) + C$

11. $-\dfrac{1}{\ln x} + C$

12. $\dfrac{1}{4}(2x - 1)e^{2x} + C$

13. $x\ln 4x - x + C$

14. $\dfrac{1}{2}x^2\ln 2x - \dfrac{1}{4}x^2 + C$

15. $\ln x(\ln(\ln x) - 1) + C$

3.3. 정적분

확인 문제(29쪽)

1. 12

2. $-\dfrac{1}{e}$

확인 문제(30쪽)

1. $200,\ \dfrac{2900}{3}$

연습문제(31쪽)

1. $3 + \ln 2$

2. $\dfrac{3}{2} - \ln 4$

3. $\dfrac{14}{3} - 2\ln 4$

4. $2 + \dfrac{e^2 - e^{-2}}{2}$

5. $\dfrac{14}{3}$

6. $\dfrac{1}{2}\ln 5$

7. $\dfrac{1}{2}(\ln 3 - \ln 2)$

8. $\dfrac{7}{3}$

9. $2e(e-1)$

10. 7

11. $1 - \dfrac{2}{e}$

12. $e - 2$

13. $\dfrac{7}{24}\ln 2 - \dfrac{2}{9}$

14. $\dfrac{14}{3}$

4.1. 벡터의 연산

확인 문제(34쪽)

1. $(22, 53, -19, 14)$

2. $(-90, -114, 60, -36)$

3. $(-13, 13, -36, -2)$

4. $(27, 29, -27, 9)$

확인 문제(35쪽)

1. $5,\ -2,\ 25$

2. $2,\ 0,\ 8$

3. $14,\ 14,\ 38$

4. $65,\ 1,\ 14$

5. $\sqrt{1194}$

6. $4\sqrt{46} - 4\sqrt{21} + \sqrt{42}$

7. $\sqrt{46} - 4\sqrt{21} - 3\sqrt{42}$

8. $\sqrt{46} + 4\sqrt{21} + 3\sqrt{42}$

연습문제(36쪽)

1. $(15, -22)$

2. $(21, -24)$

3. $(18, -56)$

4. $(-12, 18, -51, -41, 5)$

5. $(20, -10, 15, 25, -10)$

6. $\dfrac{1}{2}(9, 3, -24, -5, -4)$

7. $14,\ -18,\ 43$

8. 25, 9, 11

9. 15, −8, 27

10. 18, −3, 14

11. $\sqrt{114}$

12. 0

13. $3\sqrt{42}$

14. $\sqrt{401}$

4.2. 행렬의 연산

확인 문제(37쪽)

1. $\begin{pmatrix} 5 & -15 \\ 10 & 5 \end{pmatrix}$

확인 문제(39쪽)

1. $\begin{pmatrix} -3 & 5 \\ -6 & 9 \end{pmatrix}$

2. $\begin{pmatrix} 5 & 7 & 2 \\ -1 & -4 & -1 \end{pmatrix}$

연습문제(40쪽)

1. $\begin{pmatrix} 1 & -1 \\ 0 & 2 \end{pmatrix}$

2. $\begin{pmatrix} 2 & 0 \\ -4 & 0 \end{pmatrix}$

3. $\begin{pmatrix} 2 & 4 & -2 \\ 6 & 3 & 3 \end{pmatrix}$

4. (-7)

5. $\begin{pmatrix} 2 & 3 \\ 8 & 12 \end{pmatrix}$

6. $\begin{pmatrix} -27 & 1 \\ 12 & 8 \end{pmatrix}$

7. $\begin{pmatrix} 5 & 7 \\ 6 & -8 \end{pmatrix}$

8. $\begin{pmatrix} 117 & 94 & 46 \\ 51 & 62 & 19 \\ 138 & 76 & 56 \end{pmatrix}$

9. $\begin{pmatrix} 12 & -15 \\ 1 & 5 \end{pmatrix}$

10. $\begin{pmatrix} -2 & 10 \\ 0 & -4 \end{pmatrix}$

5.1. 행렬식의 계산

확인 문제(43쪽)

1. 240

2. 165

연습문제(44쪽)

1. 4

2. 51

3. 40

4. −9

5. −10

6. 76

7. −48

8. −248

9. 0

5.2. 역행렬의 계산

확인 문제(45쪽)

1. $\dfrac{1}{2}\begin{pmatrix} 5 & 1 \\ 3 & 1 \end{pmatrix}$

2. $\dfrac{1}{5}\begin{pmatrix} -3 & 4 \\ 2 & -1 \end{pmatrix}$

확인 문제(47쪽)

1. $\begin{pmatrix} -4 & 5 & -6 \\ 2 & -2 & 3 \\ -5 & 6 & -8 \end{pmatrix}$

2. $\dfrac{1}{3}\begin{pmatrix} 6 & 0 & 9 \\ 2 & -1 & 4 \\ 3 & 0 & 6 \end{pmatrix}$

연습문제(48쪽)

1. $\begin{pmatrix} 3 & -4 \\ -2 & 3 \end{pmatrix}$

2. $\dfrac{1}{3}\begin{pmatrix} -2 & -3 \\ 5 & 6 \end{pmatrix}$

3. $\dfrac{1}{4}\begin{pmatrix} 2 & -3 & -1 \\ 0 & 2 & -6 \\ 0 & 0 & 4 \end{pmatrix}$

4. $\dfrac{1}{6}\begin{pmatrix} 2 & 0 & 0 \\ 4 & 6 & 0 \\ -10 & -9 & 3 \end{pmatrix}$

5. $\dfrac{1}{2}\begin{pmatrix} 1 & 0 & 1 \\ 0 & 2 & 0 \\ 1 & 0 & -1 \end{pmatrix}$

6. $\dfrac{1}{20}\begin{pmatrix} 10 & 0 & 5 \\ 0 & 2 & -4 \\ 0 & 2 & 6 \end{pmatrix}$

7. $\dfrac{1}{98}\begin{pmatrix} 13 & 1 & 16 \\ 11 & 31 & 6 \\ -7 & 7 & 14 \end{pmatrix}$

8. $\begin{pmatrix} 6 & 69 & 4 & -84 \\ 0 & 1 & 0 & -1 \\ -7 & -86 & -5 & 105 \\ 4 & 50 & 3 & -61 \end{pmatrix}$

9. $\dfrac{1}{24}\begin{pmatrix} -14 & 5 & 15 & -6 \\ 20 & 10 & 6 & -12 \\ 10 & 5 & 15 & -6 \\ -2 & -1 & -3 & 6 \end{pmatrix}$

5.3. 연립일차방정식의 해법

확인 문제(50쪽)

1. $x = \dfrac{34}{43}, \ y = \dfrac{37}{43}, \ z = \dfrac{38}{43}$

2. $x = \dfrac{71}{35}, \ y = \dfrac{62}{35}, \ z = \dfrac{29}{35}$

확인 문제(51쪽)

1. $p = \dfrac{a+c}{b+d}, \ q_d = q_s = \dfrac{ad-bc}{b+d}$

연습문제(52쪽)

1. $x = 1, \ y = -2$

2. $x = 1, \ y = 0, \ z = 1$

3. $x = 1, \ y = 0, \ z = 3$

4. $x = \dfrac{3}{11}, \ y = \dfrac{2}{11}, \ z = -\dfrac{1}{11}$

5. $x = 6, \ y = -2, \ z = 5$

6. $x = 3, \ y = -2, \ z = 1$

7. $Y = \dfrac{a - bc + I + G}{b(d-1)+1}$

$C = \dfrac{a - bc - b(d-1)(I+G)}{b(d-1)+1}$

$T = \dfrac{c(1-b) + d(a + I + G)}{b(d-1)+1}$

6.1. 고유값과 고유벡터

확인 문제(56쪽)

1. 고유값 -1, 고유벡터 $(0, -3, 1)$
   고유값 2, 고유벡터 $(-1, 0, 1)$
   고유값 5, 고유벡터 $(1, 0, 0)$

2. 고유값 0, 고유벡터 $(1, 0, 0)$
   고유값 -2, 고유벡터 $(0, -2, 1)$
   고유값 3, 고유벡터 $(2, 1, 0)$

연습문제(57쪽)

1. 고유값 -1, 고유벡터 $(-1, 2)$
   고유값 5, 고유벡터 $(1, 1)$

2. 고유값 4, 고유벡터 $(-1, 2)$
   고유값 7, 고유벡터 $(-1, 5)$

3. 고유값 1, 고유벡터 $(-3, 1, 0)$
   고유값 -3, 고유벡터 $(1, -3, 4)$
   고유값 9, 고유벡터 $(5, 9, 8)$

4. 고유값 2, 고유벡터 $(-1, -1, 3)$

5. 고유값 3, 고유벡터 $(5, -2, 1)$
   고유값 -4, 고유벡터 $(-6, 8, 3)$

6. 고유값 1, 고유벡터 $(1, -1, 1)$
   고유값 -2, 고유벡터
   $\qquad (-1, 1, 0), (-1, 0, 1)$

7. 고유값 1, 고유벡터
   $\qquad (-1, 1, 0), (-1, 0, 1)$
   고유값 -1, 고유벡터 $(2, -1, 1)$

8. 고유값 1, 고유벡터
   $\qquad (0, 0, 0, 1), (2, 3, 1, 0)$
   고유값 -1, 고유벡터 $(-2, 1, 1, 0)$
   고유값 -2, 고유벡터 $(-1, 0, 1, 0)$

9. 고유값 -1, 고유벡터 $(0, 1, 1, 1)$
   고유값 2, 고유벡터 $(1, 0, 0, 0)$,
   $\qquad (0, -1, 1, 0), (0, -1, 0, 1)$

6.2. 대칭행렬의 부호

확인 문제(58쪽)

1. 준양부호

2. 준음부호

3. 준양부호

4. 준음부호

확인 문제(60쪽)

1. 양부호

2. 음부호

3. 음부호

4. 양부호

연습문제(61쪽)

1. 양부호

2. 음부호

3. 준양부호

4. 부정부호

5. 양부호

6. 양부호

7. 양부호

8. 양부호

9. 음부호

10. 양부호

7.1. 편미분

확인 문제(64쪽)

1. $f_x = -2x$

   $f_y = -4y$

2. $f_x = \dfrac{\ln y}{2\sqrt{x}}$

   $f_y = \dfrac{\sqrt{x}}{y}$

3. $f_x = -\dfrac{y}{(x+y+z)^2}$

   $f_y = \dfrac{x+z}{(x+y+z)^2}$

   $f_z = -\dfrac{y}{(x+y+z)^2}$

4. $f_x = \dfrac{1}{x+2y+3z}$

   $f_y = \dfrac{2}{x+2y+3z}$

   $f_z = \dfrac{3}{x+2y+3z}$

확인 문제(65쪽)

1. $f_{xx} = 24x^2y + 6xy^5$

   $f_{xy} = 8x^3 + 15x^2y^4$

   $f_{yy} = 20x^3y^3$

2. $f_{xx} = \dfrac{2y^2}{(x-y)^3}$

   $f_{xy} = -\dfrac{2xy}{(x-y)^3}$

   $f_{yy} = \dfrac{2x^2}{(x-y)^3}$

3. $f_{xx} = \dfrac{y^2}{(x^2+y^2)^{3/2}}$

   $f_{xy} = -\dfrac{xy}{(x^2+y^2)^{3/2}}$

   $f_{yy} = \dfrac{x^2}{(x^2+y^2)^{3/2}}$

4. $f_{xx} = e^{xe^y+2y}$

   $f_{xy} = (xe^y+1)e^{xe^y+y}$

   $f_{yy} = x(xe^y+1)e^{xe^y+y}$

확인 문제(66쪽)

1. $f_L = LK^2(800 - 3LK)$

   $f_K = L^2K(800 - 3LK)$

   $\dfrac{f_L}{f_K} = \dfrac{K}{L}$

연습문제(67쪽)

1. $f_x = -3y$

   $f_y = 5y^4 - 3x$

2. $f_x = 20x^3y^2 - 2y^5$

   $f_y = 10x^4y - 10xy^4$

3. $f_x = 10xy(x^2y - y^3)^4$

   $f_y = 5(x^2 - 3y^2)(x^2y - y^3)^4$

4. $f_x = -\dfrac{2y}{(x-y)^2}$

   $f_y = \dfrac{2x}{(x-y)^2}$

5. $f_x = \dfrac{y-x}{(x+y)^3}$

   $f_y = -\dfrac{2x}{(x+y)^3}$

6. $f_x = \dfrac{4xy^2}{x^4 - y^4}$

   $f_y = -\dfrac{4x^2y}{x^4 - y^4}$

7. $f_x = z - 10xy^3z^4$

   $f_y = -15x^2y^2z^4$

   $f_z = x - 20x^2y^3z^3$

8. $f_x = yz^2e^{xyz}$

   $f_y = xz^2e^{xyz}$

   $f_z = (xyz+1)e^{xyz}$

9. $f_{xx} = 6x$

   $f_{xy} = -12$

   $f_{yy} = 48y$

10. $f_{xx} = -2y$

   $f_{xy} = -2x - 2y + 1$

   $f_{yy} = -2x$

11. $f_{xx} = -2y$

   $f_{xy} = 2y - 2x$

   $f_{yy} = 2x$

12. $f_{xx} = -\dfrac{1}{(x+2y)^2}$

   $f_{xy} = -\dfrac{2}{(x+2y)^2}$

   $f_{yy} = -\dfrac{4}{(x+2y)^2}$

13. $f_{xx} = y^2 z^4 e^{xyz^2}$

   $f_{xy} = z^2(xyz^2 + 1)e^{xyz^2}$

   $f_{xz} = 2yz(xyz^2 + 1)e^{xyz^2}$

   $f_{yy} = x^2 z^4 e^{xyz^2}$

   $f_{yz} = 2xz(xyz^2 + 1)e^{xyz^2}$

   $f_{zz} = 2xy(2xyz^2 + 1)e^{xyz^2}$

14. $\dfrac{\alpha L^{-\rho-1}}{\beta K^{-\rho-1}}$

7.2. 음함수 정리

확인 문제(69쪽)

1. $\dfrac{x - 3y^2}{6x^2 - y}$

2. $-\dfrac{x^2 y - 1}{x^3 - 2x^2}$

3. $-\dfrac{z}{x - 2z}, \quad -\dfrac{1}{x - 2z}$

4. $-z, \ e^{y-x}$

확인 문제(71쪽)

1. $-\dfrac{y^2 z}{x^3 - y^3 z}$

확인 문제(72쪽)

1. $\dfrac{S_T}{D_p - S_p}$

연습문제(73쪽)

1. $-\dfrac{4y}{x}$

2. $\dfrac{y}{x}$

3. $-\dfrac{\sqrt{y}}{\sqrt{x}}$

4. $-\dfrac{2xe^y + 1}{x^2 e^y - 2}$

5. $\dfrac{2xy - z^2}{y^2 - 2xz}$

6. $-\dfrac{x + yz}{y^2 - 2yz}$

7. $\dfrac{xy - 2xz - z + \sqrt{z}}{2z^2}$

8. $\dfrac{e^{x+z} + (z-1)e^{x+y}}{e^{2x} - (y+z)e^{x+z}}$

9. $\dfrac{4xy + 2y^2 - x - 2y}{2xz + 4yz + 4yw}$

10. $\dfrac{3}{4y - 1}$

11. $\dfrac{S'(p_s)}{S'(p_s) - D'(p_d)}$

12. $\dfrac{1 - b(1-c)}{(1 - b(1-c))L_r + I'(r)L_Y}$

8.1. 극대와 극소

확인 문제(77쪽)

1. $\left(\frac{1}{3}, \frac{1}{3}\right)$ 에서 극소

2. $(2, 2, 2)$ 에서 극소

확인 문제(78쪽)

1. $\dfrac{55}{2}, \dfrac{65}{2}$

연습문제(79쪽)

1. $(3, -4)$에서 극소

2. $(2, -1)$에서 극대

3. $(0, 0)$에서 극대도 극소도 아님

4. $(1, -1), (-1, 1)$에서 극대
   $(1, 1), (-1, -1)$에서 극소
   $(0, 0), (2, 0), (-2, 0), (0, 2), (0, -2)$
   에서 극대도 극소도 아님

5. $(1, 0)$에서 극소
   $(0, 0)$에서 극대도 극소도 아님

6. $\left(0, \dfrac{1}{2}\right)$에서 극대

7. $(0, 0)$에서 극소

8. $\left(\dfrac{1}{2}, \dfrac{1}{2}\right), \left(-\dfrac{1}{2}, -\dfrac{1}{2}\right)$에서 극대

9. $\left(3, \dfrac{1}{2}\right)$에서 극대

10. $(4, 0)$에서 극대도 극소도 아님

11. $(0, 0, 0)$에서 극소

12. $\left(\dfrac{1}{4}, \dfrac{3}{4}, -\dfrac{1}{2}\right)$에서 극소

13. $2, 4$

14. $8, \dfrac{23}{3}$

8.2. 라그랑주 승수법

확인 문제(81쪽)

1. $(1, 1, 1)$에서 극대
   $(-1, -1, -1)$에서 극소

확인 문제(82쪽)

1. $q\sqrt{\dfrac{r}{w}}, \ q\sqrt{\dfrac{w}{r}}$

연습문제(83쪽)

1. $(2, 1)$에서 극대

2. $(6, 2)$에서 극대

3. $(1, 5)$에서 극소

4. $\left(-\dfrac{1}{2}, \dfrac{1}{2}\right)$에서 극소

5. 극값을 가지는 점 없음

6. $(1, 1), (-1, -1)$에서 극소

7. $(3, 1)$에서 극대
   $(-3, -1)$에서 극소

8. $(2, 1), (-2, -1)$에서 극대
   $(2, -1), (-2, 1)$에서 극소

9. $(0, 1), (0, -1)$에서 극대
   $(2, 0), (-2, 0)$에서 극소

10. $(2, 2, 1)$에서 극대
    $(-2, -2, -1)$에서 극소

11. $(1, 2, 4)$에서 극대
    $(-1, -2, -4)$에서 극소

12. $(1, 0, 0), (-1, 0, 0)$에서 극소

13. 12

14. $\dfrac{M}{1+\beta}, \ \dfrac{\beta(1+r)M}{1+\beta}$

8.3. 극대·극소와 음함수 정리

확인 문제(85쪽)

1. $x'(\alpha) = 2$

   $V'(\alpha) = -4x + 6\alpha$

2. $x_\alpha = -\dfrac{2}{3}$

   $V_\alpha = x$

확인 문제(86쪽)

1. $p'(c) = \dfrac{q'(p)}{2q'(p) + (p-c)q''(p)}$

   $V'(c) = -q(p)$

확인 문제(87쪽)

1. $(q_2)_{p_2} = \dfrac{C_{q_1 q_1}}{C_{q_1 q_1} C_{q_2 q_2} - C_{q_1 q_2}{}^2}$

   $V_{p_1} = q_1$

확인 문제(89쪽)

1. $y'(\alpha) = \dfrac{2x + \lambda y}{2x^2 + 2\lambda xy + 2y^2}$

   $V'(\alpha) = \lambda$

   (단, $g(x, y, \alpha) = xy - \alpha$)

확인 문제(90쪽)

1. $K'(q) = \dfrac{q}{L}$

   $V'(q) = 2\lambda q$

   (단, $g(L, K, q) = LK - q^2$)

연습문제(91쪽)

1. $x'(\alpha) = -\dfrac{1 + \alpha x}{\alpha^2}$

   $V'(\alpha) = xe^{\alpha x}$

2. $x_\alpha = -\dfrac{18\beta x^2 y}{36\alpha\beta xy - 1}$

   $V_\alpha = x^3$

3. $x_\alpha = -\dfrac{2\alpha x - \beta^2 \lambda}{2\alpha^2 + 2\beta^2}$

   $V_\beta = -\lambda y$

   (단, $g(x, y) = \alpha x + \beta y - 1$)

4. $L_w = \dfrac{1}{zh''(L)}$

   $L_z = -\dfrac{h'(L)}{zh''(L)}$

   $V_w = -L$

   $V_z = h(L)$

5. $x_{p_1} = -\dfrac{x}{2\lambda y}$

   $x_u = \dfrac{1}{2y}$

   $V_{p_1} = x$

   $V_u = \lambda$

   (단, $g(x, y, p_1, p_2, u) = xy - u$)

6. $c_1'(r) = -\dfrac{c_1(\beta + \lambda(c_1 - M))}{\lambda((1+r)c_1 + c_2)}$

   $c_2'(r) = \dfrac{\beta(1+r)c_1 + \lambda(M - c_1)c_2}{\lambda((1+r)c_1 + c_2)}$

   $V'(r) = \dfrac{\lambda c_2}{(1+r)^2}$

   (단, $g(c_1, c_2, r) = c_1 + \dfrac{c_2}{1+r} - M$)

부록: 음함수 정리 문제풀이

확인 문제(71쪽)

1. $f(x, y, z, w) = x^3 + y^3z - 1$

   $g(x, y, z, w) = xy - w$

$$x_w = -\frac{\begin{vmatrix} f_w & f_y \\ g_w & g_y \end{vmatrix}}{\begin{vmatrix} f_x & f_y \\ g_x & g_y \end{vmatrix}} = -\frac{\begin{vmatrix} 0 & 3y^2z \\ -1 & x \end{vmatrix}}{\begin{vmatrix} 3x^2 & 3y^2z \\ y & x \end{vmatrix}} = -\frac{y^2z}{x^3 - y^3z}$$

확인 문제(72쪽)

1. $f(p, q_d, q_s, M, T) = q_d - D(p, M)$

   $g(p, q_d, q_s, M, T) = q_s - S(p, T)$

   $h(p, q_d, q_s, M, T) = q_d - q_s$

$$p_T = -\frac{\begin{vmatrix} f_T & f_{q_d} & f_{q_s} \\ g_T & g_{q_d} & g_{q_s} \\ h_T & h_{q_d} & h_{q_s} \end{vmatrix}}{\begin{vmatrix} f_p & f_{q_d} & f_{q_s} \\ g_p & g_{q_d} & g_{q_s} \\ h_p & h_{q_d} & h_{q_s} \end{vmatrix}} = -\frac{\begin{vmatrix} 0 & 1 & 0 \\ -S_T & 0 & 1 \\ 0 & 1 & -1 \end{vmatrix}}{\begin{vmatrix} -D_p & 1 & 0 \\ -S_p & 0 & 1 \\ 0 & 1 & -1 \end{vmatrix}} = \frac{S_T}{D_p - S_p}$$

연습문제(73쪽)

7. $f(x, y, z) = xy + 2xz + z - 2\sqrt{z} - 11$

   $g(x, y, z) = xyz - 6$

$$x'(z) = -\frac{\begin{vmatrix} f_z & f_y \\ g_z & g_y \end{vmatrix}}{\begin{vmatrix} f_x & f_y \\ g_x & g_y \end{vmatrix}} = -\frac{\begin{vmatrix} 2x + 1 - \frac{1}{\sqrt{z}} & x \\ xy & xz \end{vmatrix}}{\begin{vmatrix} y + 2z & x \\ yz & xz \end{vmatrix}} = \frac{xy - 2xz - z + \sqrt{z}}{2z^2}$$

8. $f(x, y, z) = e^x + e^y + e^z - 3$

   $g(x, y, z) = ze^x + e^y - ye^z - 1$

$$z'(y) = -\frac{\begin{vmatrix} f_x & f_y \\ g_x & g_y \end{vmatrix}}{\begin{vmatrix} f_x & f_z \\ g_x & g_z \end{vmatrix}} = -\frac{\begin{vmatrix} e^x & e^y \\ ze^x & e^y - e^z \end{vmatrix}}{\begin{vmatrix} e^x & e^z \\ ze^x & e^x - ye^z \end{vmatrix}} = \frac{e^{x+z} + (z-1)e^{x+y}}{e^{2x} - (y+z)e^{x+z}}$$

9. $f(x, y, z, w) = x + y^2 + 2zw$

   $g(x, y, z, w) = x^2 + xy + y^2 - z^2 - w^2$

$$w_x(x, z) = -\frac{\begin{vmatrix} f_y & f_x \\ g_y & g_x \end{vmatrix}}{\begin{vmatrix} f_y & f_w \\ g_y & g_w \end{vmatrix}} = -\frac{\begin{vmatrix} 2y & 1 \\ x + 2y & 2x + y \end{vmatrix}}{\begin{vmatrix} 2y & 2z \\ x + 2y & -2w \end{vmatrix}} = \frac{4xy + 2y^2 - x - 2y}{2xz + 4yz + 4yw}$$

10. $f(x, y, z, w) = x^2 - y - z - w$

    $g(x, y, z, w) = x - 2y^2 - z + 2w$

$$y_w(x, w) = -\frac{\begin{vmatrix} f_w & f_z \\ g_w & g_z \end{vmatrix}}{\begin{vmatrix} f_y & f_z \\ g_y & g_z \end{vmatrix}} = -\frac{\begin{vmatrix} -1 & -1 \\ 2 & -1 \end{vmatrix}}{\begin{vmatrix} -1 & -1 \\ -4y & -1 \end{vmatrix}} = \frac{3}{4y - 1}$$

11. $f(p_d, p_s, T) = D(p_d) - S(p_s)$

    $g(p_d, p_s, T) = T - p_d + p_s$

$$p_d'(T) = -\frac{\begin{vmatrix} f_T & f_{p_s} \\ g_T & g_{p_s} \end{vmatrix}}{\begin{vmatrix} f_{p_d} & f_{p_s} \\ g_{p_d} & g_{p_s} \end{vmatrix}} = -\frac{\begin{vmatrix} 0 & -S'(p_s) \\ 1 & 1 \end{vmatrix}}{\begin{vmatrix} D'(p_d) & -S'(p_s) \\ -1 & 1 \end{vmatrix}} = \frac{S'(p_s)}{S'(p_s) - D'(p_d)}$$

12. $f(Y, C, T, r, M, G) = Y - C - I(r) - G$

    $g(Y, C, T, r, M, G) = C - a - b(Y - T)$

    $h(Y, C, T, r, M, G) = T - cY$

    $k(Y, C, T, r, M, G) = M - L(Y, r)$

$$r_M = -\frac{\begin{vmatrix} f_Y & f_C & f_T & f_M \\ g_Y & g_C & g_T & g_M \\ h_Y & h_C & h_T & h_M \\ k_Y & k_C & k_T & k_M \end{vmatrix}}{\begin{vmatrix} f_Y & f_C & f_T & f_r \\ g_Y & g_C & g_T & g_r \\ h_Y & h_C & h_T & h_r \\ k_Y & k_C & k_T & k_r \end{vmatrix}} = -\frac{\begin{vmatrix} 1 & -1 & 0 & 0 \\ -b & 1 & b & 0 \\ -c & 0 & 1 & 0 \\ -L_Y & 0 & 0 & 1 \end{vmatrix}}{\begin{vmatrix} 1 & -1 & 0 & -I'(r) \\ -b & 1 & b & 0 \\ -c & 0 & 1 & 0 \\ -L_Y & 0 & 0 & -L_r \end{vmatrix}} = \frac{1 - b(1 - c)}{(1 - b(1 - c))L_r + I'(r)L_Y}$$

확인 문제(85쪽)

1. $f(x, \alpha) = x^2 - 4\alpha x + 3\alpha^2$

   $f_x = 2x - 4\alpha = 0$

   $x'(\alpha) = -\dfrac{f_{x\alpha}}{f_{xx}} = -\dfrac{-4}{2} = 2$

   $V'(\alpha) = f_\alpha = -4x + 6\alpha$

2. $f(x, y, \alpha, \beta) = x^2 + xy + y^2 + \alpha x + \beta y$

   $f_x = 2x + y + \alpha = 0$

   $f_y = x + 2y + \beta = 0$

   $x_\alpha = -\dfrac{\begin{vmatrix} f_{x\alpha} & f_{xy} \\ f_{y\alpha} & f_{yy} \end{vmatrix}}{\begin{vmatrix} f_{xx} & f_{xy} \\ f_{yx} & f_{yy} \end{vmatrix}} = -\dfrac{\begin{vmatrix} 1 & 1 \\ 0 & 2 \end{vmatrix}}{\begin{vmatrix} 2 & 1 \\ 1 & 2 \end{vmatrix}} = -\dfrac{2}{3}$

   $V_\alpha = f_\alpha = x$

확인 문제(86쪽)

1. $f(p, c) = pq(p) - cq(p)$

   $f_p = q(p) + pq'(p) - cq'(p) = 0$

   $p'(c) = -\dfrac{f_{pc}}{f_{pp}} = -\dfrac{-q'(p)}{2q'(p) + (p-c)q''(p)} = \dfrac{q'(p)}{2q'(p) + (p-c)q''(p)}$

   $V'(c) = f_c = -q(p)$

확인 문제(87쪽)

1. $f(q_1, q_2, p_1, p_2) = p_1 q_1 + p_2 q_2 - C(q_1, q_2)$

   $f_{q_1} = p_1 - C_{q_1} = 0$

   $f_{q_2} = p_2 - C_{q_2} = 0$

   $(q_2)_{p_2} = -\dfrac{\begin{vmatrix} f_{q_1 q_1} & f_{q_1 p_2} \\ f_{q_2 q_1} & f_{q_2 p_2} \end{vmatrix}}{\begin{vmatrix} f_{q_1 q_1} & f_{q_1 q_2} \\ f_{q_2 q_1} & f_{q_2 q_2} \end{vmatrix}} = -\dfrac{\begin{vmatrix} -C_{q_1 q_1} & 0 \\ -C_{q_2 q_1} & 1 \end{vmatrix}}{\begin{vmatrix} -C_{q_1 q_1} & -C_{q_1 q_2} \\ -C_{q_2 q_1} & -C_{q_2 q_2} \end{vmatrix}} = \dfrac{C_{q_1 q_1}}{C_{q_1 q_1} C_{q_2 q_2} - C_{q_1 q_2}{}^2}$

   $V_{p_1} = f_{p_1} = q_1$

확인 문제(89쪽)

1. $f(x, y, \alpha) = x^2 + y^2$

   $g(x, y, \alpha) = xy - \alpha$

   $f_x - \lambda g_x = 2x - \lambda y = 0$

   $f_y - \lambda g_y = 2y - \lambda x = 0$

   $g(x, y, \alpha) = xy - \alpha = 0$

$$y'(\alpha) = -\frac{\begin{vmatrix} (f_x - \lambda g_x)_x & (f_x - \lambda g_x)_\alpha & (f_x - \lambda g_x)_\lambda \\ (f_y - \lambda g_y)_x & (f_y - \lambda g_y)_\alpha & (f_y - \lambda g_y)_\lambda \\ g_x & g_\alpha & g_\lambda \end{vmatrix}}{\begin{vmatrix} (f_x - \lambda g_x)_x & (f_x - \lambda g_x)_y & (f_x - \lambda g_x)_\lambda \\ (f_y - \lambda g_y)_x & (f_y - \lambda g_y)_y & (f_y - \lambda g_y)_\lambda \\ g_x & g_y & g_\lambda \end{vmatrix}} = -\frac{\begin{vmatrix} 2 & 0 & -y \\ -\lambda & 0 & -x \\ y & -1 & 0 \end{vmatrix}}{\begin{vmatrix} 2 & -\lambda & -y \\ -\lambda & 2 & -x \\ y & x & 0 \end{vmatrix}} = \frac{2x + \lambda y}{2x^2 + 2\lambda xy + 2y^2}$$

$$V'(\alpha) = f_\alpha - \lambda g_\alpha = \lambda$$

확인 문제(90쪽)

1. $f(L, K, w, r, q) = wL + rK$

   $g(L, K, w, r, q) = LK - q^2$

   $f_L - \lambda g_L = w - \lambda K = 0$

   $f_K - \lambda g_K = r - \lambda L = 0$

   $g(L, K, w, r, q) = LK - q^2 = 0$

$$K'(q) = -\frac{\begin{vmatrix} (f_L - \lambda g_L)_L & (f_L - \lambda g_L)_q & (f_L - \lambda g_L)_\lambda \\ (f_K - \lambda g_K)_L & (f_K - \lambda g_K)_q & (f_K - \lambda g_K)_\lambda \\ g_L & g_q & g_\lambda \end{vmatrix}}{\begin{vmatrix} (f_L - \lambda g_L)_L & (f_L - \lambda g_L)_K & (f_L - \lambda g_L)_\lambda \\ (f_K - \lambda g_K)_L & (f_K - \lambda g_K)_K & (f_K - \lambda g_K)_\lambda \\ g_L & g_K & g_\lambda \end{vmatrix}} = -\frac{\begin{vmatrix} 0 & 0 & -K \\ -\lambda & 0 & -L \\ K & -2q & 0 \end{vmatrix}}{\begin{vmatrix} 0 & -\lambda & -K \\ -\lambda & 0 & -L \\ K & L & 0 \end{vmatrix}} = \frac{q}{L}$$

   $V_q = f_q - \lambda g_q = 2\lambda q$

확인 문제(91쪽)

1. $f(x) = e^{\alpha x} - x$

   $f_x = \alpha e^{\alpha x} - 1 = 0$

   $x'(\alpha) = -\dfrac{f_{x\alpha}}{f_{xx}} = -\dfrac{e^{\alpha x} + \alpha x e^{\alpha x}}{\alpha^2 e^{\alpha x}} = -\dfrac{1 + \alpha x}{\alpha^2}$

   $V'(\alpha) = f_\alpha = x e^{\alpha x}$

2. $f(x, y, \alpha, \beta) = \alpha x^3 + \beta y^3 - xy$

   $f_x = 3\alpha x^2 - y = 0$

   $f_y = 3\beta y^2 - x = 0$

   $$x_\alpha = -\frac{\begin{vmatrix} f_{x\alpha} & f_{xy} \\ f_{y\alpha} & f_{yy} \end{vmatrix}}{\begin{vmatrix} f_{xx} & f_{xy} \\ f_{yx} & f_{yy} \end{vmatrix}} = -\frac{\begin{vmatrix} 3x^2 & -1 \\ 0 & 6\beta y \end{vmatrix}}{\begin{vmatrix} 6\alpha x & -1 \\ -1 & 6\beta y \end{vmatrix}} = -\frac{18\beta x^2 y}{36\alpha\beta xy - 1}$$

   $V_\alpha = f_\alpha = x^3$

3. $f(x, y, \alpha, \beta) = x^2 + y^2$

$g(x, y, \alpha, \beta) = \alpha x + \beta y - 1$

$f_x - \lambda g_x = 2x - \lambda \alpha = 0$

$f_y - \lambda g_y = 2y - \lambda \beta = 0$

$g(x, y, \alpha, \beta) = \alpha x + \beta y - 1 = 0$

$$x_\alpha = -\frac{\begin{vmatrix} (f_x - \lambda g_x)_\alpha & (f_x - \lambda g_x)_y & (f_x - \lambda g_x)_\lambda \\ (f_y - \lambda g_y)_\alpha & (f_y - \lambda g_y)_y & (f_y - \lambda g_y)_\lambda \\ g_\alpha & g_y & g_\lambda \end{vmatrix}}{\begin{vmatrix} (f_x - \lambda g_x)_x & (f_x - \lambda g_x)_y & (f_x - \lambda g_x)_\lambda \\ (f_y - \lambda g_y)_x & (f_y - \lambda g_y)_y & (f_y - \lambda g_y)_\lambda \\ g_x & g_y & g_\lambda \end{vmatrix}} = -\frac{\begin{vmatrix} -\lambda & 0 & -\alpha \\ 0 & 2 & -\beta \\ x & \beta & 0 \end{vmatrix}}{\begin{vmatrix} 2 & 0 & -\alpha \\ 0 & 2 & -\beta \\ \alpha & \beta & 0 \end{vmatrix}} = -\frac{2\alpha x - \beta^2 \lambda}{2\alpha^2 + 2\beta^2}$$

$V_\beta = f_\beta - \lambda g_\beta = -\lambda y$

4. $f(L, w, z) = zh(L) - wL$

$f_L = zh'(L) - w = 0$

$L_w = -\dfrac{f_{Lw}}{f_{LL}} = -\dfrac{-1}{zh''(L)} = \dfrac{1}{zh''(L)}$

$L_z = -\dfrac{f_{Lz}}{f_{LL}} = -\dfrac{h'(L)}{zh''(L)}$

$V_w = f_w = -L$

$V_z = f_z = h(L)$

5. $f(x, y, u) = p_1 x + p_2 y$

$g(x, y, u) = xy - u$

$f_x - \lambda g_x = p_1 - \lambda y = 0$

$f_y - \lambda g_y = p_2 - \lambda x = 0$

$g(x, y, u) = xy - u = 0$

$$x_{p_1} = -\frac{\begin{vmatrix} (f_x - \lambda g_x)_{p_1} & (f_x - \lambda g_x)_y & (f_x - \lambda g_x)_\lambda \\ (f_y - \lambda g_y)_{p_1} & (f_y - \lambda g_y)_y & (f_y - \lambda g_y)_\lambda \\ g_{p_1} & g_y & g_\lambda \end{vmatrix}}{\begin{vmatrix} (f_x - \lambda g_x)_x & (f_x - \lambda g_x)_y & (f_x - \lambda g_x)_\lambda \\ (f_y - \lambda g_y)_x & (f_y - \lambda g_y)_y & (f_y - \lambda g_y)_\lambda \\ g_x & g_y & g_\lambda \end{vmatrix}} = -\frac{\begin{vmatrix} 1 & -\lambda & -y \\ 0 & 0 & -x \\ 0 & x & 0 \end{vmatrix}}{\begin{vmatrix} 0 & -\lambda & -y \\ -\lambda & 0 & -x \\ y & x & 0 \end{vmatrix}} = -\frac{x}{2\lambda y}$$

$$x_u = -\frac{\begin{vmatrix} (f_x - \lambda g_x)_u & (f_x - \lambda g_x)_y & (f_x - \lambda g_x)_\lambda \\ (f_y - \lambda g_y)_u & (f_y - \lambda g_y)_y & (f_y - \lambda g_y)_\lambda \\ g_u & g_y & g_\lambda \end{vmatrix}}{\begin{vmatrix} (f_x - \lambda g_x)_x & (f_x - \lambda g_x)_y & (f_x - \lambda g_x)_\lambda \\ (f_y - \lambda g_y)_x & (f_y - \lambda g_y)_y & (f_y - \lambda g_y)_\lambda \\ g_x & g_y & g \end{vmatrix}} = -\frac{\begin{vmatrix} 0 & -\lambda & -y \\ 0 & 0 & -x \\ -1 & x & 0 \end{vmatrix}}{\begin{vmatrix} 0 & -\lambda & -y \\ -\lambda & 0 & -x \\ y & x & 0 \end{vmatrix}} = \frac{1}{2y}$$

$V_{p_1} = f_{p_1} - \lambda g_{p_1} = x$

$V_u = f_u - \lambda g_u = \lambda$

6. $f(c_1, c_2, r) = \ln c_1 + \beta \ln c_2$

$g(c_1, c_2, r) = c_1 + \dfrac{c_2}{1+r} - M = 0$

$f_{c_1} - \lambda g_{c_1} = \dfrac{1}{c_1} - \lambda = 0 \qquad\qquad h_1(c_1, c_2, \lambda, r) = \lambda c_1 - 1 = 0$

$f_{c_2} - \lambda g_{c_2} = \dfrac{\beta}{c_2} - \dfrac{\lambda}{1+r} = 0 \qquad \Longrightarrow \quad h_2(c_1, c_2, \lambda, r) = \lambda c_2 - \beta(1+r) = 0$

$g(c_1, c_2, r) = c_1 + \dfrac{c_2}{1+r} - M = 0 \qquad\quad h_3(c_1, c_2, \lambda, r) = (1+r)c_1 + c_2 - (1+r)M = 0$

$$c_1{}'(r) = -\frac{\begin{vmatrix} h_{1r} & h_{1c_2} & h_{1\lambda} \\ h_{2r} & h_{2c_2} & h_{2\lambda} \\ h_{3r} & h_{3c_2} & h_{3\lambda} \end{vmatrix}}{\begin{vmatrix} h_{1c_1} & h_{1c_2} & h_{1\lambda} \\ h_{2c_1} & h_{2c_2} & h_{2\lambda} \\ h_{3c_1} & h_{3c_2} & h_{3\lambda} \end{vmatrix}} = -\frac{\begin{vmatrix} 0 & 0 & c_1 \\ -\beta & \lambda & c_2 \\ c_1 - M & 1 & 0 \end{vmatrix}}{\begin{vmatrix} \lambda & 0 & c_1 \\ 0 & \lambda & c_2 \\ 1+r & 1 & 0 \end{vmatrix}} = -\frac{c_1(\beta + \lambda(c_1 - M))}{\lambda((1+r)c_1 + c_2)}$$

$$c_2{}'(r) = -\frac{\begin{vmatrix} h_{1c_1} & h_{1r} & h_{1\lambda} \\ h_{2c_1} & h_{2r} & h_{2\lambda} \\ h_{3c_1} & h_{3r} & h_{3\lambda} \end{vmatrix}}{\begin{vmatrix} h_{1c_1} & h_{1c_2} & h_{1\lambda} \\ h_{2c_1} & h_{2c_2} & h_{2\lambda} \\ h_{3c_1} & h_{3c_2} & h_{3\lambda} \end{vmatrix}} = -\frac{\begin{vmatrix} \lambda & 0 & c_1 \\ 0 & -\beta & c_2 \\ 1+r & c_1 - M & 0 \end{vmatrix}}{\begin{vmatrix} \lambda & 0 & c_1 \\ 0 & \lambda & c_2 \\ 1+r & 1 & 0 \end{vmatrix}} = \frac{\beta(1+r)c_1 + \lambda(M - c_1)c_2}{\lambda((1+r)c_1 + c_2)}$$

$V'(r) = f_r - \lambda g_r = \dfrac{\lambda c_2}{(1+r)^2}$

지은이

김경률
서울대학교 경제학과
bir1104@snu.ac.kr

8일 만에 끝내는 경제수학

초판 1쇄 발행   2021년 9월 30일

지은이   김경률
펴낸곳   도서출판 계승
펴낸이   임지윤

출판등록   제2016-000036호

주소   13600 경기도 성남시 분당구 백현로 227
대표전화   031-714-0783

제작처   서울대학교출판문화원
주소   08826 서울특별시 관악구 관악로 1
전화   02-880-5220

ISBN 979-11-958071-8-5   93410